立身治家之道

颜炳罡品读《颜氏家训》

颜炳罡 著

中国工人出版社

图书在版编目（CIP）数据

立身治家之道：颜炳罡品读《颜氏家训》／颜炳罡著. —北京：中国工人出版社，2018.9

ISBN 978-7-5008-7012-8

Ⅰ.①立… Ⅱ.①颜… Ⅲ.①家庭道德—中国—南北朝时代 ②《颜氏家训》—研究 Ⅳ.①B823.1

中国版本图书馆CIP数据核字（2018）第217430号

立身治家之道：颜炳罡品读《颜氏家训》

出 版 人	王娇萍
责任编辑	葛忠雨
责任校对	董春娜
责任印制	黄　丽
出版发行	中国工人出版社
地　　址	北京市东城区鼓楼外大街45号　邮编：100120
网　　址	http://www.wp-china.com
电　　话	（010）62005043（总编室）　（010）62005039（出版物流部） （010）62379038（社科文艺分社）
发行热线	（010）62005049　（010）62005042（传真）
经　　销	各地书店
印　　刷	天津嘉恒印务有限公司
开　　本	710毫米×1000毫米　1/16
印　　张	12.75
字　　数	163千字
版　　次	2018年10月第1版　2018年10月第1次印刷
定　　价	36.00元

目 录

第一章 家训

家训的由来

“修身、齐家、治国、平天下”是中国历代有志之士的理想和追求。对传统知识分子而言，“齐家”与“治国”有着同等重要的地位。

从某种意义上说，齐家就是“平天下”，或者说齐家是“治国平天下”的前提和基础。孟子曾说过“人人亲其亲，长其长，则天下平”，意思是每个人都能做到亲近自己的亲人，孝敬父母，尊重长辈，天下就太平了。这就是说每个人都把家庭关系处理好，社会就安定了。因此中国人历来非常注重家庭教育，而对于家庭教育经验的集结，就是我们今天说的所谓“家训”。

家训起源于西周初期。伟大的政治家、思想家周公对他儿子伯禽的一段教诲，可以视为比较早的家训。

周公的封地是以曲阜为中心的鲁国，位于今天山东省西南部。但是他要在中央辅佐周成王，不能前往就封，所以他的儿子伯禽就要前往封地来担任这个诸侯国的国君。这时，周公对他的儿子说了几句非常感人的话。

◁ 反映古人教育的《授经图》
隋・展子虔

他说："我是周文王的儿子，周武王的弟弟，周成王的叔叔，我的地位可以说不'为贱'了。"我们知道，周公的社会地位不仅不贱，而且非常显赫。

但是他接着说："我仍然要一饭三吐哺，一沐三握发，犹恐失天下之贤人。"这句话的意思是：周公吃一顿饭的时候，要三次把饭吐出来；洗一次澡的时候，要三次握着尚未梳理的头发。这是因为，他吃着饭，如果有人求见，就要把饭赶快吐出来去接见客人；如果他洗着澡，有人求见，那么他就握着尚未梳理的头发去见客，吃一顿饭、洗一次澡要如是者再三，即便如此，他依旧担心失去了天下那些有才能、有德行的人。

周公最后对他说："你到了封地鲁国，切不可以国君之尊而傲慢他人。"

这是一个父亲要把他一生的从政经验传授给他的儿子，告诉他的儿子如何去治理好鲁国：谦卑和勤政。

在《论语》中记载了一段话，我们不妨称之为"孔门庭训"，是孔子教育他儿子的话，孔子的儿子叫孔鲤，字伯鱼。这段话的内容是：

陈亢问于伯鱼曰："子亦有异闻乎？"对曰："未也。尝独立，鲤趋而过庭。曰：'学诗乎'？对曰：'未也。''不学诗，无以言。'鲤退而学诗。他日，又独立，鲤趋而过庭。曰：'学礼乎？'对曰：'未也。''不学礼，无以立。'鲤退而学礼。闻斯二者。"陈亢退而喜曰："问一得三：闻诗，闻礼，又闻君子之远其子也。"

这段话意思是，孔子的学生陈亢问孔鲤："你有从老师那里听到一些我们在课堂上没听过的教诲吗？"孔鲤说："没有，如果说有的话，那么仅有两次。其中一次是父亲一个人站在庭院里，我快步从父亲面前走过，父亲叫住我问：'学诗经了没有？'我说没有。父亲说，不学习诗经，在正式的场合和别人对谈起来，就会非常困难，你就不了解别人对谈诵诗的意义。于是我就退而学诗。还有一次，我又从父亲面前走过，父亲叫住我，问学习礼仪了吗？我说没有。他就告诉我，如果你不学习一些礼仪规范，那么你就难以在社会上立身处世。于是我就退而学礼。仅此两条。"

所以这就是孔子的庭训，孔子教育儿子：学诗、学礼。所以孔家是以诗礼传家。

到汉魏晋时期，开始出现越来越多的家书。如马援的《诫兄子严敦书》、诸葛亮的《诫子书》、嵇康《诫子书》、王昶《诫子书》，这些都是非常有名的。在伏波将军马援教育他子侄的家书中，有一句名言是"闻之过失，如闻父母之名，耳可得闻，口不可得言也"。

但是，不管是政治嘱托，还是所谓庭训，抑或是诫子书，凡此种种大都是单篇行世，对齐家而言，不成系统。中国的家训成为系统，或者集以往家训之大成，把它系统化、体系化的，首推《颜氏家训》。《颜氏家训》在中国的家训系统中成为古今家训之冠，又被称为中国"古今家训，以此为祖"。

《颜氏家训》作者的坎坷命运

《颜氏家训》的作者是谁呢？这位伟大的作家就是南北朝时期杰出的思想家——颜之推。在了解《颜氏家训》之前，我们先简单了解一下颜之推的生平事迹。

颜姓，起源于曲阜和邹城中间的一个地方，位于今天山东省南部。孔子一生据说门下有弟子三千，贤人七十有二，其中八个姓颜的，而颜回，被称作“复圣公”，是三千弟子之冠，七十二贤之首，是孔子学生中成就最高的。颜之推就是这位复圣公第三十五世孙，是他的嫡传子孙。颜家本在曲阜，曹魏时期举族迁到今天的山东临沂，古称琅琊。到了东晋时期，颜之推的九世祖颜含率族人又迁到今天的南京江宁。颜之推是颜含的第九世孙。

颜之推称自己“生于乱世，长于戎马，流离播越，闻见已多”。意思是，他出生在一个动乱的时代，成长在战争的环境之中，他东西南北奔走，甚至探宇宙之浩大辽阔，而愧无立身之地。由此可见，颜之推的一生非常坎坷，看尽了世态中各种各样的风云变幻，加上自幼严格的家训，

△ 孔子像　宋·马远

最终写成我们今天所见到的《颜氏家训》。

颜之推生于南北朝时期的梁国，大概出生在公元531年，梁武帝统治时期。他的祖父颜见远曾经为反对梁武帝篡南齐自立绝食而死，非常有气节，他的父亲颜协是一位非常有学问的人。到了颜之推这一代，梁武帝当政，由于他的祖父坚决反对梁武帝篡齐自立，备受迫害，导致家道中落。在颜之推九岁的时候，他的父母相继去世。所以，他是出生在一个具有浓厚的文化氛围，但生活清贫的家庭。

在颜之推十岁那年，他父亲的生前好友湘东王萧绎把他以及他的两个哥哥接到了自己任官的江陵。萧绎爱好老庄，喜谈三玄，所以颜之推曾经听过萧绎讲三玄。三玄就是《老子》《周易》《庄子》。萧绎特别推崇这三部书，但颜之推认为玄虚并非所好，自己不喜欢谈那些“有”“无”“玄”“虚”之类的东西。于是他就还习礼、传，回归到颜家自身的传统中去研究三礼，尤其是《周官》，还有三传，即我们现在所说的《春秋三传》。

公元548年，发生了“侯景之乱”，当时侯景的叛军甚至一度攻占了梁国的首都建邺。公元551年，侯景大军攻陷郢州，颜之推被俘，在即将被斩首之际，被侯景的行台郎中王则救下，颜之推免于一死，随后颜之推作为囚徒被押往建邺，也就是今天的南京。

“侯景之乱”被平后，颜之推父亲的生前好友萧绎自立为帝，即梁元帝。颜之推兄弟就跟随梁元帝为官，两人主要负责整理历代文化典籍。颜家是一个非常有文化底蕴的家族，兄弟两人度过了两年相对安逸的生活。

公元554年，又发生了一件大事：西魏大军围攻江陵。在这场战争中颜之推再次被俘，并且随西魏大军迁往今天的中原地区。颜之推被敌国所俘，内心非常痛苦，于是到了第二年，趁北齐与梁修好，颜之推就试图借道北齐而回到梁国。在这个时候颜之推做了一个大胆的决定，他准备好船具，带着妻子和孩子，全家人趁着黄河水涨乘船而下，一夜行700里。但是在他投奔北齐之后不久，梁国已经被陈所取代，因此他由齐回梁的计划也破灭了，他只能留在北齐。

北齐是一个鲜卑化了的汉人政权，颜之推在北齐继续从事文化整理事业。后来颜之推官至黄门侍郎，相当于现在国家的秘书长。但是好景不长，由于北齐政权极端腐败无能，而当时北周取代西魏之后，周武帝通过大量革新，使北周走向了昌盛。不久后，北周大军再次攻打北齐，颜之推又一次成为俘虏，被迁往今天的关中长安一带。

公元581年，隋文帝杨坚代北周自立，从此以后中国走向统一。颜之推的去世年份还存有一定的争议，有人说是在公元595年，也有人说是在591年，我认为比较可信的是公元595年，那时候隋已经一统中国。

透过“生于乱世，长于戎马，流离播越，见闻已多”，可见颜之推一生历尽战乱痛苦，观尽宦海沉浮，尝尽人间百味，而且他历经痛苦磨砺，东西奔走，对南北风俗以及下层民众也有深刻的了解。也正是基于这种丰富的人生阅历，颜之推才能写成《颜氏家训》。

颜之推之所以能够写成《颜氏家训》，除了我们前面所指出的因素之外，还有一个非常重要的原因，就是颜家的历史底蕴和文化传承。颜之推说："我家门风素为整严。"意思是颜家的家庭教育一向非常严格、系统、严密，严密到什么程度呢？他说在他刚记事的时候，也就是"龆龀之年"（开始换牙的年纪），就随着两位哥哥"规行矩步"，而且每天早晨向父母问安，晚上向父母问候，"若朝严君焉"。意思是问候自己的父母，就像朝见庄严的君主一样。并且，他的父母给他们提供了非常好的教育，每天会问问他们的功课如何，长处何在，短处又在哪里，引导他们发展自己的长处，规避自己的短处。所以他说自幼接受到父母严格的教育，与家庭环境是密不可分的。

《颜氏家训》：古今家训之祖

《颜氏家训》在中国家训历史上占有非常重要的地位。这部书共七卷二十篇，内容丰赡，语言平实。前人评价它是“该括百行，贯穿六艺”。它涉及我们人生行为的方方面面，有如何处理父子关系、如何处理兄弟关系、如何处理家庭和别人家庭关系的，有如何立身、如何学习、如何扬名的，乃至如何作文，乃至养生，音韵、风俗、书法、绘画、棋艺等都有涉及。

颜之推曾说，写《颜氏家训》并不敢把它作为教育整个世界上所有人的一种行为规范，他写家训的目的仅仅是“业以整齐门内，提撕子孙”。意思是，他写《颜氏家训》的目的是整理颜家的家教和家风，提醒后世子孙，让他们能够立身扬名，找到安身立命之本。

所以他反复地告诫他的子孙，一定要“务先王之道，绍家世之业”，就是把我们传统的优秀文化继承下来，把我们已有的家风发扬光大，这是颜之推写《颜氏家训》的目的。

但是，任何人类的文化精神产品一旦形成就会成为人类所共享的文化财富，《颜氏家训》也不例外。《颜氏家训》如今早已不限颜氏族人，它已经成为中华民族家庭教育、伦理教育的一部非常重要的典籍，成为中华文化的瑰宝。

前人给予了《颜氏家训》高度赞扬：有人说《颜氏家训》是“篇篇药石，言言龟鉴”，就是说《颜氏家训》的每一篇，其中的每一句话，都具有不朽的价值；还有人说《颜氏家训》的中心主旨就在教人一个“诚”字，也就是我们今天“诚信”的那个“诚”，所以《颜氏家训》再三强调“巧伪不如拙诚”；也有人认为，《颜氏家训》的千言万语，不过是让人修德立世，所以读《颜氏家训》，居家则为孝子，许国见为忠臣。

《颜氏家训》成书以后，对颜家的历史与文化，产生了非常重要的影响，自此以后，颜家的文化走向了新的辉煌。

颜之推的孙子颜师古注解《汉书》，校定《边经》定本，参与编纂了《五经正义》。《诗》《书》《礼》《易》《春秋》这五部典籍孔子曾经整理过，到了魏晋南北朝，经过长期战乱出现了各种不同的版本，甚至不同的读法，而我们现在所读到的五经基本上是由颜师古加以整理之后颁行于天下的。

历史上非常有名的大书法家颜真卿也是颜之推的后世子孙。颜真卿是一位地地道道将道德、人格与书法融为一体的人物，同时也是一位杰出的政治家。在我看来，从把书法与人格融为一体的意义上讲，颜真卿才是真正的书圣，王羲之有道家的仙风道骨，应该是书仙。

颜真卿的从兄弟颜杲卿，是一位为捍卫唐朝统一而被安禄山残杀的忠烈之士。

颜之推的后世子孙除了颜师古、颜真卿、颜杲卿这些非常有名的人物，还有一些不被我们一般人所了解的，在唐代，还有颜勤礼、颜相对、颜音德、颜无逊等，或者为刺史，或者为大学问家，或者以书法而闻名于世。可见，在颜之推《颜氏家训》形成以后，颜氏无论武功还是文治，文章还是修行，都得到了长足的发展，把颜家文化推向了新的高度。

读《颜氏家训》的不仅仅是颜家人，今天我们任何一个姓氏、任何一个家族、任何人都可以从《颜氏家训》中找到我们所需要的一些精神食粮，从而给自己的人生、子女的教育、协调家庭的各种关系，以及安身立命、为人处世等方面提供有益的借鉴。

第二章 教子

教儿婴孩

教育子女对于每一个家庭都是一个非常重要的课题。父母是孩子的第一任老师，家庭是孩子成长过程中的第一所学校。在今天，家庭不仅仅是一个人们所说的幸福的港湾、生活的单位、经济的细胞，更是一个文化单位、教育单位。由此可见，父母作为孩子一出生所接触的第一任老师，教育子女是其义不容辞的责任。

针对子女的教育问题，《颜氏家训》给我们提供了一些非常有益的借鉴。

颜之推的观点是怎样的呢？他引证孔子的话，“少年若天性，习惯如自然”。意思是，少年所养成的行为习惯，等到长大了以后，就会跟天生的、从娘胎里带来的一样，不会认为是后期学习来的，习惯了就会自然而然按照这样的方式去做。所以教育孩子，应该从早期的教育开始。

他还引证当时的谚语，“教妇新来，教儿婴孩”。在古代传统的士大夫家庭，婚姻大事都是所谓的“父母之命，媒妁之言”，那时并不存在自由恋爱之说，不管是婆家对于这个女孩子的了解，还是这个女孩子对于自己的婆家的了解都知之甚少。所以，新媳妇娶进门，会有一个对这个家庭的适应过程，一些礼仪规范、行为习惯、待人接物的方式都要学习，“教妇新来”，从新媳妇娶进家门的第一天，就要开始对她施加适当的引导和教化。

在孩子一出生，或者小孩子很小的时候，就应该开始对孩子实行教育。

颜之推曾说过，古代的帝王有胎教之法，王妃“怀子三月，出居别宫，目不邪视，耳不妄听，音声滋味，以礼节之”。意思是，怀孕三个月的王妃要迁居到另一个房子里居住，然后眼睛不去看难看的颜色；耳朵不去听刺耳的声音，也不去听那些不合乎礼仪规范的污言秽语；吃什么、营养如何，都要有一个严格的规范。他们认为这样生出来的孩子，一定会是健康的，并且长大以后会是不错的一个小孩。

小王子一出生，就开始由专门的人来引导，让他学习“孝、仁、礼、义”，“孝”是对父母的亲近之情，“仁”是指同情心，“礼”是指行为规范，“义”是指公正和正义之心。这些教育用今天的话说就是“三观”教

▷ 百子嬉春图　宋

育，通过这种教化以期养成孩子的君子风范。

颜之推说，我们作为平民百姓“纵不能尔”，纵使不能像帝王那样实行胎教，但是当小孩子能够“识人颜色”“知人喜怒”，也就是能够辨别大人的脸色、知道父母高兴还是生气的时候开始，便可以施加教育。我们的面部表情是多种多样的，我们高兴的时候是一种表情，我们发怒的时候是一种表情，我们悲哀的时候又是一种表情，孩子通过父母表情有不同的变化看出父母的喜怒的时候，便可以对孩子开始进行教育了。

颜之推告诉我们，将父母良好的行为习惯、安全常识教给孩子，“使为则为，使止则止”。意思是说，让孩子去做的，孩子就要去做，不让孩子做的，孩子就应该停止。他认为这样自幼培养出孩子良好的行为规范，在孩子长到调皮捣蛋的年龄的时候就“可省笞罚”。“笞”是古代用竹板或者荆条做的那种惩罚小孩子用的工具。孩子从小养成良好的习惯，长大之后，大人就不必或者很少需要使用这种东西来惩罚孩子了。

《颜氏家训》的早教和我们今天所说的早教是有差异的。今天的一些头衔非常大的早教大师，通常会讲：我能让你的孩子两岁会阅读，能让你的孩子几岁就会说几种语言，甚至几岁上大学、几岁通过某某级考试，等等。当今许多家长也非常注重早教，以至于在孩子出生第一天就给他计算着离高考还有多少天，搞一个高考的倒计时悬在旁边，这些所谓的早教是典型的功利主义支配下的早教，而不是人格养成教育。

有一个教育家曾颇为自豪地说：“我教育的一个孩子，9岁就上大学了。”我告诉他，这只能是特例，你能让全国的孩子9岁都能上大学吗？能够行得通吗？所以《颜氏家训》的早教和这些所谓的早教专家所说的是不一样的，甚至完全不同。《颜氏家训》中的早教，主要是对孩子“孝、仁、爱、礼、义，道之习也”，或者“道习之也”，意思是，引导小孩子从小富有同情心、爱心，以至于使孩子具有公正心、正义感，养成一种良好的行为规范。

所以，我认为《颜氏家训》给了我们一个非常好的启示：成人比成才更重要。父母都想让孩子成才，但每个人对于成才可能有不同的理解。人人都望子成龙，望女成凤，但有时候龙只有一条，而凤甚至是百年难遇的，既然不可能人人都成为龙凤，那么就没必要人人都去争第一，因为并不是不成第一就活不下去。假如人人都要当老板，谁又去打工呢？没有打工的，老板还存在吗？

《颜氏家训》给我们的启示是：成人比成才更关键、更根本、更有意义。因为成人是成才的基础。什么样的人是人才？其实只要一个人有德行了，那么他就是一个才；如果一个人无德，即便他非常聪明、有才智，但是这个人能力越大，他所成的“才”对社会的破坏力也就越大。历史上一些乱世奸雄，他们是非常有才的，并且才能非常高，但是却没有德行作为支配，没有道德作为根基，不约束也不检点自己的行为，那么他的这种才，对社会是极其负面的，对社会的影响也非常恶劣。

教育子女的误区

《颜氏家训》总结了许多人在教育孩子的问题上常犯的各种错误。

第一种错误就是，“饮食运为，恣其所欲”。意思是，一个孩子他想吃什么家长就给他吃什么，比如，大冬天的他想吃冰糕就吃冰糕。孩子想要什么，父母就满足他什么，甚至于孩子还没有想要什么，父母就给他主动地提供什么。随着生活水平的提高，这种现象也越来越普遍。如果孩子有一次求而不得，便会将自己的武器拿出来了——又哭又闹，往往这时候大人就会马上缴械投降。如此状态下养成的孩子，就会习惯性地认为：他想要什么，都会得到。这样的孩子走向社会，就会比较自私，以自我为中心，以为地球也得围着他转。

第二种错误是，在教育孩子的过程中，往往是“宜诫翻奖，应呵反笑”。什么意思呢？就是我们对待孩子的态度是有问题的，如果小孩子做了一件错事，或者说了不恰当的话，本来我们应该惩戒他，但是反过来却奖励了他，或者本来我们应该呵斥他，但是我们却一笑了之。颜之推说，这样就会使孩子的是非观、价值观、善恶观出现错位。生活中这样的例子很常见，比如，我亲眼见到一位爷爷抱着他的孙子，孙子正是牙牙学语的年龄，就骂他爷爷是个老混球，结果他爷爷听了反而很高兴，觉得孙子真能干，都学会骂人了，甚至还夸奖了孩子。这就是“宜诫翻奖，应呵反笑”的一个典型案例，久而久之会造成孩子是非善恶不分。

第三种错误，就是父母往往会对孩子偏宠和溺爱。古代社会家庭并不像现在都市家庭中只生一个孩子，古代追求多子多孙，一些达官显贵有三房四妾，更是生上一群的孩子。在这样的家庭环境中，应该如何对待和教育这些孩子呢？

《颜氏家训》中有两句话值得我们反省，“贤俊者自可赏爱，顽鲁者亦当矜怜”，意思就是，如果在一群孩子当中，有的孩子生得既聪明又乖巧，我们自然会欣赏他、喜欢他，这个没问题；但是对那个顽冥不化、比较顽皮、比较愚笨的孩子，做父母的也应该同情、爱惜、怜悯他。一句话，对待孩子们要一视同仁。

但是天下父母对子女的爱往往偏心眼，有些父母对乖巧、聪明的孩子就会出现偏爱、偏宠、溺爱。颜之推告诉人们，这样对孩子是“虽欲以厚之，更所以祸之”。也许父母对某个孩子的偏宠是从好的动机出发，但是，最后反而会害了这个孩子。

《颜氏家训》中举了许多这类例子，其中一个是讲皇帝对皇子的偏宠。北齐皇帝高湛偏爱他的第三个儿子——琅邪王高俨。皇帝高湛非常喜欢他，认为这个儿子非常聪明，长大了必将有所作为。于是，太后和皇帝就让高俨的衣食、器用，一概和太子等量齐观，高于诸王之上。后来高湛把帝位传给太子高纬后，高俨却理所当然地认为他还应该享有跟皇帝一样的待遇。有一次，他上朝朝见他的哥哥高纬，这时正好是初夏时节，高俨看到这里有刚刚从地窖里取出来的冰块和一些刚刚摘下来的李子。中国古代没有冰箱，所以把冬天的冰块用地窖深埋起来，到夏天的时候取出来使用。高俨回到自己的宫中后，要下人去御膳房索取冰块和李子，但是没有得到，他勃然大怒，说："至尊已有，我为什么没有？"他以为皇帝有的他就应该有。

所以颜之推说，高俨全不知君臣之间的分界，以致于胡来蛮干，他对宰相和士开不满意，就瞒天过海越过皇帝把宰相给杀了。杀宰相之前，他担心皇帝哥哥会前来救宰相，于是就派自己家的军队把皇宫的门给封住了，结果，满朝上下都以为这个高俨要造反。当然他并不是真心造反，只是要杀宰相。之后，高纬把他训斥一番，当时并没有治罪于他。最后这个皇帝哥哥对弟弟一次次的恣意妄为实在不满，就秘密地把他处决了。这可以说是父母"虽欲以厚之，更所以祸之"的典型案例。所以在教育子女的问题上，不能犯偏心的错误。如果孩子在幼儿园和别的小朋友发生了冲突，家长如何处理这件事情？或者小孩上了小学，跟别的小朋友发生矛盾了，家长是要去责问老师呢？还是问罪于其他小朋友的家长呢？能否做到"幼吾幼，以及人之幼"，客观冷静处理孩子与孩子之间、同学与同学之间的问题，这是我们今天所面对的现实问题。

颜之推在《颜氏家训》中告诉我们，要有儒家"老吾老，以及人之老，幼吾幼，以及人之幼"的胸怀。无论对待自己的孩子还是别人的孩子，都先把是非曲直放在最前头。这样对自己的孩子，才是最有效的教育方式。如果自己的孩子与其他小朋友发生一点小冲突，就去呵责别人的孩子，如果因为老师多扣了孩子两分，家长就责问老师，这样的行为对这个孩子就是"虽欲以厚之，更所以祸之"，当今社会中这样的例子其实并不少见。

平衡的亲子关系

父母和子女之间的关系要如何处理，颜之推强调要做到“威严而有慈”。在传统的儒家教育中，一般是强调父慈子孝，即所谓“为人父，止于慈，为人子，止于孝”。但颜之推认为，父母仅仅有慈是不够的，应该做到“威严而有慈”，孩子才会对父母产生敬畏之心，同时孝敬父母的心理才能够从中自然形成。

那么“威严而有慈”要怎么做呢？颜之推指出两个关键点要注意：一是不可以“狎”；二是不可以“简”。“狎”就是过度地、无原则地亲昵，比如在对待孩子的时候，孩子让父母当马骑，父母就当马骑；孩子让父母当牛使，父母就当牛使。今天的好多父母，在教育孩子的过程当中就存在颜之推所说的“狎”，对待孩子没有原则，过度地亲昵。但另一方面也不可以“简”，简就是怠慢。颜之推的意思是，在我们处理父母和子女之间的关系时，应该在“狎”和“简”之间找到一个平衡。

要如何做才可以平衡两者的关系呢？首先，不可以狎昵。颜之推所说的“自命士以上”，类似于现在的中产阶级，在这样阶层的家庭中，居住条件一般是比较好的，在孩子长到一定的时候，要让孩子单独住在自己的房间，不能把父母的所有行为全部暴露在孩子的眼下。这就是说要有分际，要有距离感，这就是不“狎”。第二，不可以“简”，简就是简单或粗暴地处理父母与子女的关系。不可以简是因为父母与子女之间毕竟是骨肉亲情，不能怠慢。为了增加父子之间的感情，有些事情可以让孩子去为自己效劳，比如打一盆洗脚水，递一条毛巾，挠挠痒痒，等等，这样就能够增进父母和子女之间的情感联系。

颜之推还给我们提供了一些中国历史上，在他看来教育子女非常成功的案例。

王僧辩，南梁名将，曾任骠骑大将军、大司马、封永军郡公。他的母亲魏夫人教育王僧辩非常严格。在王僧辩四十多岁，已经是率领三千多人的将军的时候，只要王僧辩有做得不对的地方，他母亲还是会对他实行杖笞。正是由于这位母亲良好的教育，才成就了王僧辩在军事上的不朽功业。

颜之推还举了一些教育子女不成功的例子。北齐有位士大夫，是达官显贵，他是如何教育他的儿子的呢？他儿子十七岁的时候已经会说鲜卑语了。现如今鲜卑语已经消失了，但是在北魏时期和东西魏时期，乃至在北齐北周时期，鲜卑人统治了整个的黄河流域，长江以北相当一部分的广阔土地都在他们手中，所以那时鲜卑语很流行，像现如今的英语一样。这位士大夫的儿子不仅会说鲜卑语，还会弹琵琶，并且非常乖巧，这位士大夫说，我的儿子掌握这些技能可以服侍王公，那是至关重要的事情啊。

对于这种教育孩子的方法，颜之推深以为耻。颜之推认为：这种教育下的孩子即便有可能会做到王公大人，成为地位显赫的官员，我也不愿意把孩子教育成这样。

△ 窦燕山教子图　清·任熏

有些人在教育孩子的过程当中，一旦孩子有一个长项，就到处传播，觉得自己家的孩子非常优秀。但是有优点的孩子，有时候也会犯错误，也会有缺点，而有的父母面对孩子的缺点，却百般掩饰，百般隐藏，生怕被别人知道，只寄希望于孩子能够自己把缺点改正。这种教育就类似于我们今天某些父母学校进行的不分是非的所谓激励教育。而颜之推认为一味进行激励教育，恰恰是对孩子的一种伤害。

还有一个教子失败的例子，南梁有一学士，聪敏有才，父亲对他宠爱有加，但其父不懂教子之道。孩子有一优点，到处宣扬，终年称颂。孩子一行之非，替他百般掩饰，望其自改。长大以后，暴慢日甚，后因言语不慎，死于非命。这是不分是非的激励教育失败的案例。

以这种方式激励孩子，对孩子造成的影响也不完全是正面的，当孩子走向社会的时候就会出问题。比如，他上小学的时候，学习很好，可能在班里考第一，但到了初中的时候，他面对着更大的竞争，然后到了高中又面对更大的竞争，上了大学又面对更大的竞争，孩子逐渐发现自己本来的优势不存在了的时候，该如何面对？如何生存？所以既要有激励教育，也要让孩子正确地认识自己，这是《颜氏家训》给我们留下的非常宝贵的财富。

重读《颜氏家训》，重新回顾《颜氏家训》中的这些至理名言，对天下所有做父母的，都有很重要的启发意义。

第三章 学习（上）

学习改变命运

中国人重视儒家传统文化，儒家文化一向重视学习。翻开《论语》，第一句话就是“子曰：学而时习之，不亦说乎”，我们都知道这句话是在告诫我们应该把学习过的东西时常加以温习，或者时常加以练习、实习、演习，将学的东西都落实到行动中去。

孔子非常重学，认为他一生和别人的不同，不在于道德修行上，也不在其他别的方面，而是在于学习。他认为就在“十室之邑，必有忠信如丘者焉，不如丘之好学也”，意思是，一个十户人家的地方，就有忠信等道德修为上像他这样的人物，只是他们不如他好学罢了。所以孔子和有德之士的差别，只在于“好学”与“不好学”的差别。

孔门弟子三千，其中最好学的学生，也是最为孔子所称道的学生，就是颜回。所以，许多人包括鲁哀公（鲁国的国君）问孔子，哪个学生好学？孔子回答说，只有颜回这个学生好学，并且他能做到“不迁怒，不贰过”。

“不迁怒”，意思是不把怒气迁于别人，不把自己的情绪发泄到别人

△ 授书图 清·任颐

身上。举一个很简单的例子，假如你在工作中，可能会遇到一些问题而有一些负面的情绪，那么你会不会把这样的情绪带回到家庭中？如果你将负面情绪带回到家庭中，这就是在迁怒。同理，如果你将家庭中的负面情绪带到工作中，同样是迁怒。

“不贰过”是什么意思呢？就是不重复犯同样的错误。有的人之所以聪明，道德修为高尚，并不是因为他一生只犯一个错误，不会犯第二次错误，而是他不会重复犯同样的错误，他不会被同一个人欺骗两次，这就是所谓的“不贰过”。

所以孔子对颜回的评价是：“不迁怒，不贰过”，但“不幸短命死矣”，非常不幸的是颜回过早地去世了。所以孔子认为，在他所接触的人中，只有两个人堪称好学，一个是他自己，一个是他的这位高徒颜回。

颜家自古就有好学的传统。

颜之推生在南北朝时期，这

一时期由于战争频繁，兵祸连结，国家教育机构，或者由政府所建立的各种教育机构、教育机关，乃至一些学校，常常都办不下去。那么，在这样的社会环境下，家庭创办的学校就会成为传承传统文化的一个非常重要的场所。所以，当时以儒传业的这些士族们都非常注重家庭教育。颜之推的《勉学》，正是在这样的一个背景下产生的，并且颜之推可以和孔子、荀子这些先秦大儒相比，《勉学》可以与《礼记》中的《学记》以及《荀子》中的《劝学》相提并论。《勉学》无论在中国文化史上，还是在中国人的学习史上，都占有非常重要的地位。

颜之推认为，每一个人生活在世界上，都要进行学习，只有通过学习，才能够摆脱无知；只有摆脱了无知，才能够免受别人的羞辱，或者才能够免去许多让自己愧疚的事情。中国古代社会是"士农工商"四民分业，从四业排序上看，士第一农第二，并不重视工商业。他举例说，当时的一些士族或者一些士大夫不好学习，无所事事，这些人既不去从事农业生产，又羞于做工商活动，也不去读书，到最后成为这样的一个士族——凭借祖上的庇荫获取一个小官，然后就以此饱食终日，或是酒醉终日，然后一年年地虚度下去，最终了此一生。

颜之推认为，这对士族来说是非常可耻的一件事情。一个人如果靠的是祖上的庇荫，靠的是父母的打拼给自己创下的江山过活，那么他就是我们今天所说的"啃老族"。整天无所事事，不读书也不努力工作。一旦国家有军国大事，找这样的人过来商讨，怕是如堕雾中，完全云山雾罩，什么都不知道，什么也听不懂；一旦出席公私宴席，其他人都在谈古论今，吟诗说赋，这样的士大夫一语都不敢发，因为他一说话便错。

之所以会出现这样的人物，就是因为他不好学习，所以遭受这样的羞辱。颜之推认为如果别人在旁，看到这些人的丑态，都恨不得"代其入地”，意思是，连旁边的人都为他羞愧，羞愧得想钻到地下去，一句话，无知令人羞愧。只有通过学习，通过读书，我们才能够了解道理；通过读书，我们才能够掌握知识；通过读书，我们才能够知道如何为人处世。

曾在网上看到过一个“家父风波”：有人称自己的父亲为令尊，称别人的父亲为家父。之所以会出现这样的窘况，用颜之推的话说，就是由于无学而让自己遭受困扰，给自己带来羞愧。不了解前人是如何称呼别人的父亲，如何文雅地称呼自己的父亲，于是就闹出这样的笑话，受到这样的羞辱。所以，颜之推就劝诫世人，劝诫他的后世子孙：一定要用几年的时间去勤奋读书，以免于一生的羞愧。

他举了一个例子，北齐的皇帝齐昭帝非常孝顺，尤其是对他的母亲娄太后。有一回娄太后生病了，而且还病得很重，有个医生提出给太后针灸两穴，这两穴可能指的是两个太阳穴，齐昭帝认为这种治疗非常疼，于是就握拳代太后之痛。古人的指甲并不像我们现在会经常剪，所以比较长，这样，一握拳指甲就会插进手心里，血流满手。由此可以看出来这位皇帝对母亲的孝心非同寻常。太后病好了，皇帝反而病重了。他临死前下了一个遗诏，遗诏中写道“愧不见太后山陵之事”，所谓“山陵”就是给他母亲太后修一个墓，意思就是皇帝非常遗憾没有看见他母亲被埋掉，他自己就先走了。

颜之推说，这位皇帝虽然本性非常好，非常孝顺，但是，临死前竟然弄出来这样的一个大笑话，“愧不见太后山陵之事”就是盼他母亲早死，哪有这样的儿子呢？所以这就是不知忌讳，就是无学惹的祸。

在中国文化的系统中，或者更严格地说，是在儒家文化的系统中，孝占据着非常重要的地位，孝为百行之先。那么，孝这样的一个行为，都需要修学，才能够知道如何来表达自己的孝，何况其他事情呢？所以如果不学，就会招致更多的羞辱，学习才能够免除我们生活当中的大多数的羞辱。一个人如果无知，那不是会感到很可耻吗？学习可以帮助我们摆脱无知，免除我们的羞辱。所以学习不仅仅是一个摆脱无知的手段，更是一个摆脱羞辱的途径。这是颜之推重视学习的一个原因。

何为学

颜之推所说的“学”是如何实现的？

颜之推认为“学在于行”，即学以致用。如果学习，不能将所学道理、知识、技能落实到实际上，落实在行动上，那这个学可以说就是无用之学。读书的目的是“开心明目”，即通过学习来扩大我们的心胸，对世事看得更加明白。

读书识字之后，我们就可以看懂文字符号的所有秘密；如果不读书识字，文字符号对我们来讲，就是一个密密麻麻的系统，我们不了解它的内容和意义。比如，一个一直生活在乡下、没有接受过教育的老太太，她自称是“睁眼瞎”。当她在外地求学的儿子给她写了一封信时，这位母亲由于自己一个字也不认识，就只能找别人代读。虽然眼睛和别人一样，但就是不了解这个字的意义，也就读不懂信的内容。

所以，读书让我们开心，让我们明目，让我们的眼睛能够认识这些语言文字符号，破解它的意义系统，懂得它背后代表的意思。但是，所有的这些最终目的都是要“利于行”。“行”的意思就是都要落实到行动上去，都要利于做人做事。所以颜之推有一句非常有名的话，就是我们今天经常使用的一个成语，叫作“春华秋实”。

他说：“夫学者犹种树也，春玩其华，秋登其实。讲论文章，春华也；修身利行，秋实也。”意思是，学习就像种树，春天的时候我们欣赏它的花朵。我们闭眼想象一下，春天开得较早的是梨花，千树万树梨花开的那个景象是何等的美丽，再过几天，大概杏花和桃花就开了，它开的时候也艳如桃李，令人向往。桃花、杏花、梨花、苹果花等，所有这些，在春天里绽放，我们可以欣赏它的美景，获得喜悦；秋天，我们可以收获它的果实，这就是春华秋实。学习就像种果树一样，“讲论文章”，即我们平时写文章，讨论问题，就是“春华”；“修身利行”，或者修己利人，去做客观的事业，把我们所学到的道理、知识、技能，落实到我们的行动当中，这个就叫作“秋实”，这才是真正的收获。

从《论语》开始，孔子乃至他的学生就非常强调，我们所学的东西一定要落实到现实中去，一定要通过我们的身体力行，把我们所学到的知识呈现出来，造福于社会，造福于人类。所以，这是儒家一个非常重要的传统。孟子有一句名言，“穷则独善其身，达则兼济天下”，无论是独善其身，还是兼济天下，都是要落实到具体的行动中。“独善其身”就

△ 东坡博古图　清・萧臣

是无论在任何艰难困苦的条件下，我都要做一个有道德操守的人；“兼济天下”是指，如果我有施展才华、施展抱负的机会，那么就要让天下的百姓，都因我的存在而得到恩惠，这是儒家的一个重要思想。荀子曾经说过一句话，“学至于行而后止也”，即学应该落实到“行”当中去，如果没有落实到实际行动中，你所有的学都是空学，只可以玩赏而已，而不能够实际地造福于人类。

颜之推的《颜氏家训》提出，学的目的是学以致用，这也是《颜氏家训》一个非常重要的特点。所以，《颜氏家训》并不是在空洞地讲论学识，而且《颜氏家训》也不认为，学习的目的在于自我欣赏。

颜之推指出，学习的知识，最起码可以作为我们的一种谋生手段。孔子的高足身通六艺，六艺简单来说就是六经。由于乐经亡佚，传至今日，就剩下《五经》，即诗、书、礼、易、春秋，诗是《诗经》，书是《书经》，礼是《礼经》，礼有三：《周官》《礼记》《仪礼》，易就是《易经》，春秋就是《春秋》。颜之推说，我们明白了六经的大概内容，明白了它的主题思想，之后，再涉猎百家之说，了解诸子各家各种各样的学问，博涉群书，这样对前人的各种学问都有所涉猎。他说“虽不能增益德行”，即使我们不能够提高自己的道德修为，但是如果达到学以致用，还是可以“敦厉风俗”，“敦”就是敦厚，即改变社会风气。

儒家知识分子非常强调内在的修身和对外在社会的改造这两方面的有机结合。从个人的方面来说，学习当然是要改造自身，以提高自身素质，换用今天的话说，就是提高我们的境界；从社会角度来讲，学习的目的当然是改造社会，用理想、观念、主张来改变世道人心，让社会实现天下太平，这是学习的两种重要目的。

但是，颜之推认为，纵使学习不能做到这两条，也不能说学习是没有用的，最起码学习是一种谋生的手段，完全可以通过传播知识和文化在社会上谋生。也就是说，老师也是一种谋生的职业，一个老师也许自身的道德修为也没有提高到圣人的境界，或者也不能改变社会，但是，传播知识可以作为一种谋生的手段。颜之推生于乱世，长于戎马，他饱经战争动乱之苦，他可以从自己独特的视角中观察到学习读书的益处。

颜之推有句名言："父兄不可常依，乡国不可长保，一旦流离，无人庇荫，当自求诸身耳。""父兄不可常依"，不能够永远幻想着依靠自己的父母、兄弟姐妹讨生活，因为，如果是在他们的保护之下求生存，战争来临的时候，常常是兄弟离散，甚至于家破人亡，所以父兄不可常依。"乡国不可长保"中"乡国"是指自己的乡土，自己的国家，这句话的意思是，有时候自己的国家不能永保平安，当国家被入侵者灭掉的时候，就得迫不得已离开家乡。生活在乱世的颜之推有着深深的忧患意识。当出现这种情况"无人庇荫"，即没有一个人能够保护你，你如何在世界上谋生？只能"求助自身耳"，即完全依靠自身。所以这个时候要反求诸己，要学会依靠自身在世界上生活下去。

既然要靠自己，那就必须有一技之长，以在社会上立足生存。三百六十行，哪一行最切实可行，哪一行最为珍贵呢？颜之推虽然没有提出"万般皆下品，唯有读书高"这样的话，但是类似这句话的意思，在《颜氏家训》中可以说是满篇皆是。他说："技之易习而可贵者，无过读书也。"意思是最容易掌握，而且最宝贵的技术，就是读书。这实际上就是说，读书是最可贵的。

所以，颜之推说："积财千万，不如薄技在身。"假如你拥有万贯家财，甚至是千万富翁，和平年景这些财富可以说还是属于你的，也许你可以高枕无忧，但是对于《颜氏家训》的作者颜之推来说，就不一样了，他生活在战乱之中，对战争的危害深有体会。一旦战乱，所有的财富可能顷刻之间都会化为乌有，或者一下子变得非你所有。那么，什么东西才永远和你自己同在，无论战乱，还是忧患，不管你身处何境，漂泊何方都永远与你相随？唯有你所拥有的知识、你所拥有的技术、你所拥有的才能。所以，一个人若掌握一项技术，不管身处何处，都可以安身立命。

所以，“作为士大夫之家能读书百卷”，只要你能够保证胸中拥有百卷书，那么就可以千载百世不为小人也。

相反，一些地位很显赫却没有文化的人普遍没有很好的下场。颜之推说，在梁朝那段和平年景中，一些人地位非常显赫，甚至做到当时梁朝中央级的官，但是由于他们没有学问，结果当战乱来临，面临改朝换代的时候，这些人除了当官的本领外一无所长，并且他们当官是靠关系，或者是靠自己祖上的荫封，而改朝换代以后，这些关系不复存在，过去的荫封不起作用的时候，这些人就会“转死沟壑”，就是说会死得很惨。

所以颜之推在《颜氏家训》中所强调的勉学，是他从南北朝时期那种动荡的岁月中，从颠沛流离的血泪当中，所总结出来的一些经验和教训。这就使颜之推与孔子，乃至与荀子、孟子，拉开了一定的距离。这个距离是什么呢？在前贤看来，读书当然是君子之学，作为一个君子之学，要“保尚”，即读书就是为了要保持自己高尚的道德情操，是为了提升自身的气质，提高素质，提升修为，他们认为绝对不能把读书作为一种谋生的手段。但是到颜之推这里为之一变，他毫不避讳地指出读书是一种谋生的手段，就像你做工，他经商，你做官，他去搬砖等一样，读书是我们在世界上立足的一种职业，可以称作一技。颜之推把这一技看得非常重要，他认为这一技，应该说比其他的一些职业，比如工商农这些技要高明得多。

第四章
学习（下）

活到老，学到老

关于如何学这个问题，《颜氏家训》首先提出父母对子女应该早教。那么既然有早教，很自然地就引出《颜氏家训》的早学。

颜之推认为培养一个孩子的学习习惯，应该从幼小之时开始。在孩子很小的时候就应该注重对他的学习兴趣和知识兴趣的培养。他说人幼年时期，精神容易集中，当人成长到一定的年龄，心思就会散漫，就没那么容易集中了。所以，在年轻的时候所读的一些东西可以受用终身；但是成长到一定的年龄所读的一些东西往往易记易忘。

颜之推个人就有很深的体会。他说，在他七岁的时候，曾经读过一篇赋叫作《灵光赋》，他“十年一理”，即十年才回过头来再看一遍，至今不忘；但是二十岁以后，所读的东西，所学的东西，一个月不看即荒芜矣。成年人和小孩子一起去学唐诗，或者学宋词，或者是学古文，我们成年人记得肯定比小孩快，但是，我们忘得可能比小孩子更快。所以，颜之推强调学习应该多练一些童子功，就是在年轻的时候，多背诵一些东西，记在大脑之中，这样可以终身受用。我们现在开始推行

◁ 烹茶洗砚图　清・钱慧安

国学教育，宣扬让儿童学习国学，虽然这个事情在社会上还存在争议，但必要的“童子功”是不可少的。

从《颜氏家训》的立场出发，让一些孩子在很小的时候，背诵一些前人的国学精华，背诵一些唐诗宋词，他虽然一时不能理解，但是会终身受益，可能会对他的一生，对他的成长，对他的阅历，产生非常重要的作用，并不乏这样的先例。也许，现在一些年轻人背诵了《中庸》或者《论语》中的一些文字，可能开始的时候会“食而不知其味”，不知道这是在说什么，但是如果有一天，我们的生活阅历达到了一定的程度，可能突然就开心明目，立刻明白起来了。所以生活会让我们把人生的许多道理体悟出来，和古人的一些道理相互印证，所以《颜氏家训》特别强调的就是早学。

虽然提倡早教，但是人生坎坷，人来到世界上，生命中充满着各种各样的挫折、磨难、挑战，甚至是各种各样的忧患。所以，并不是所有的人都具备早学的条件，也不是所有人的父母都有文化，都注重学习。

所以好多人是“失之幼小”，自幼没有接受到良好的教育，甚至于“失之盛年”，把良好的学习时光都给耽搁了。所以，颜之推在《颜氏家训》中告诉我们，即使失之盛年，也不要忘记晚学，晚年还可以补上。他举了历史上许多人的例子来说明，晚学照样能够学有所成。

曾子就是一个很好的例子。有人说曾子是孔子的学生曾参，也有人说这里的曾子不是曾参而是指的姜太公，颜之推说“曾子七十乃苦学，名闻天下”，可见不管这个人是谁，可以明确的是从七十岁开始学习，还可以名满天下。他又引证《论语》的一句话说，孔子说“五十以学易，亦可以无大过矣”，其中“易”是指《易经》。这句话的意思是，如果我五十岁开始研究《周易》的话，那我的行为就不会发生大的过错了。所以，孔子是“晚而习易，韦编三绝”。孔子到了晚年还在不断地研究《易经》。所以大家知道，孔子是我们中华民族学习的典范和榜样，他是“发愤忘食，乐以忘忧，不知老之将至云尔”，意思是，发奋读书学习，已经忘掉了自己要吃饭；通过学习求道中得到的快乐，忘掉了现实中的诸多忧愁；虽然自己年龄已经很大了，但是丝毫不会觉得自己老了。

所以，在学习的过程中，获取的快乐是非常多的，学习本来就是人生中非常快乐的一件事情，可以让我们忘掉年龄，忘掉富贵贫贱，忘掉现实中的许多苦恼。公孙弘四十而学，还可以位至丞相；荀况五十来到齐国游学，终为大儒。先秦时代有孔孟荀三大儒的说法，其中荀就是荀况。据史书记载，荀况从赵国来到齐国游学的时候已经五十岁，但是也有人说，五十是十五之误，但总而言之，《颜氏家训》中举出了大量的例证来说明，如果我们幼小时候的学习时机失去了，错过了最好的学习时光，但是从晚年开始发奋学习，照样可以成为一个大学问家，一个非常优秀的人才。

在这里，颜之推批评一种人，即刚到婚冠之年，大概二十岁的年纪，就认为自己已经年龄很大了，不能再学了，一学习就头昏脑涨。他认为这种人是“因循面墙”，毫无出息可言。

《颜氏家训》中有这么几句话非常有名，“幼而学者，如日出之光”，幼年开始学习，就像太阳刚刚升起的时候，可以说是光芒万丈，可以遍照一切，有着无穷的未来；“老而学者，如秉烛夜行，犹贤乎瞑目而无见者也”，到了晚年，人老了，失于盛年，无可奈何，人生充满着各种各样的遭际困难，这时才开始发奋学习，这样的人就像拿着蜡烛在黑暗中行走，但是总比那些闭起眼睛，什么都看不到的，要好多了。

因此，《颜氏家训》中认为只要读书就能够“开心”，就可以“明目”，我们就可以进入人类的符号系统的精神世界，来领悟这个精神世界的价值和意义。所以颜之推认为要注重早学，如果早年失教，中年无法为学，但是晚学也是非常必要的，这就是我们现在所提出的终身教育这一观念。

终身教育是中国人一个非常重要的观念，我们经常说，人要“活到老，学到老”。这句话在荀子的《劝学》当中也有所体现，即“学不可以已”，学习永远都不可以停止下来。什么时候可以停止学习呢？“学至于没而后止也”，只有生命结束的时候，我们的学习才可以结束，这就是“死而后已”。可见对于学习的追求是终生的事业，所以对这个终生的事业，要一生做下去，这是古人留给我们的一个非常重要的智慧。《颜氏家训》中就把这一智慧用非常简洁的语言体现了出来。

勤巧博专

《颜氏家训》不仅注重早学，还非常提倡勤学、苦学。在《颜氏家训》中颜之推列举了大量前人的案例，以此作为勤学、苦学的例证。中华文化之所以得以传承，其实就是因为有这些勤学、苦学的知识分子，他们使我们的文化，五千年以来绳绳相继，立于东方而不衰。这些读书人是中国文化传承的一个非常重要的因素。

古代不少帝王，尚需勤学，平民百姓就更应该勤学、苦学。颜之推在书中所列举的勤学、苦学的古代帝王中，梁元帝萧绎堪为典范。萧绎十二岁的时候，身上曾经长了各种的疥疮，手不得拳，膝不得屈，非常不舒服，但他仍然严格约束自己，勤于史书，进行苦读。而且读书的时候就用酒来为自己止痛。萧绎作为一个帝王之子，尚且如此苦学，何况我们平民百姓呢？

中国古代不乏勤学、苦学的例子，比如“头悬梁，锥刺股”的苏秦，投斧受经的文党，映雪攻读的孙康，“聚萤为灯”的车武子等。颜之推还举了一个例子。南北朝时期，有一个名叫朱詹的人数日吃不上饭，但是这个人还在勤学、苦学，冬天没有衣服可以暖和身体，穿得非常单薄，就抱着自己的狗来取暖，但是还不忘记学习，这个狗饿急了，就弃他而去，出去觅食，他站在那里大声呼唤狗回来，声动四邻，催人泪下。后来他终于学有所成，被梁元帝萧绎所看中。

这样的例子比比皆是。他还举了一个北齐时期的例子，当事者是一个蛮人。故事的主人公非常注重汉文化的学习，在宫中当差役的时候，一有空闲就去找颜之推问各种学问，问过以后就离开，不会闲聊。后来这个人终于通过不断学习，成了皇帝的宠臣。当北齐被北周大军所灭，都城沦陷的时候，北周的大军抓住他询问北齐的皇帝和皇储的下落，他硬是不说，于是北周士兵打断他一条腿，他还是不说，再打断另一条还是不说，到最后被折磨而死。这就是一个通过勤学、苦学，成就了忠义气节之士的典型例子。

颜之推认为：既要勤学，又要巧学。如何做才是巧学呢？他引证《学记》中的话“独学而无友，则孤陋而寡闻”，这句话的意思是，如果一个

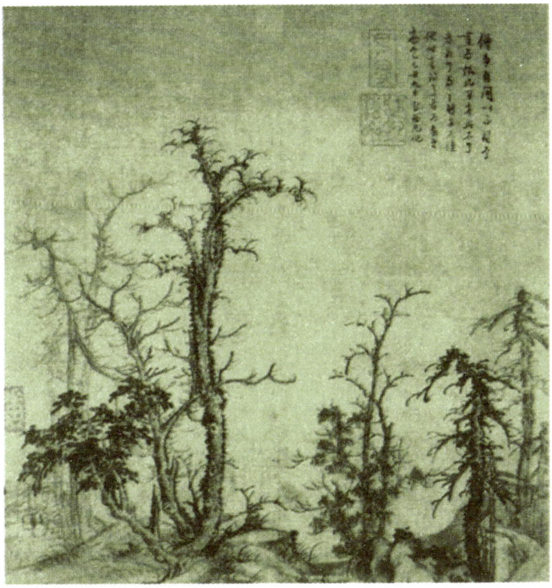

▷ 寒林图　元·曹知白

人独处，自己在那里埋头苦学，而没有朋友相互切磋，相互讨论，这样的学问学起来，就是孤陋而寡闻。颜之推认为，如果一个人闭门学习，不同外界交流切磋，那么即便他的学问研究出来，显示在大庭广众之下，也可能也会出现许多的差错。所以同学之间，朋友之间，在学习上应该相互切磋，相互启发，这就是“三人行，必有我师焉，择其善者而从之，其不善者而改之”的道理。所以，他主张要和朋友共学，这样才能够免除我们学习当中的孤陋寡闻，即“切磋启明”，是学习中的一个非常好的方法或者方式。

在《颜氏家训》中，颜之推认为“闭门读书，师心自是”，而结果所讲出的一些话不合逻辑，所念出的一些字是白字，以见笑于大方。所以颜之推不仅讲究苦学勤学，还提倡巧学。

颜之推在提倡巧学的同时，还主张博与专二者要有机结合。如果不能博，则宁可专，这就是他提出的“宁专”，即在博与专二者不可兼得的情况下，他可以取专而舍博。他指出，古代圣人的经典虽然很多，但是在古代，尤其在汉代，只要传一经，而足以发扬圣人之道，就可以把中国的优秀文化传承下去。但是到了后来，士大夫们“贵博涉”，即广泛地涉猎，认为知道得越多越好，天南海北所有的东西都知道一点，但也只知道一点，都知道得不深、不透、不精，“贵博涉不肯专儒”，不肯专门研究一种学问。结果由于学问研究不精、不深、不透，就会出现一系列人们意想不到的问题。当然能够将博与专这二者有机结合起来，那是最好的，如果不能够，就宁可专。

颜之推的这个思想对于我们今天的学习同样具有借鉴意义。人的生命是有限的，精力是有限的，而光阴易逝，就像流水一样一去不复返。那么我们应该如何学习呢？应该是博览机要，从博涉中抓住我们最需要的东西，抓住我们读书的关键，随之寻找读书过程中对我们最有效、最有益的那些内容，服务于我们的生活与工作，进而服务于社会，服务于人生。他认为这样就应该是不错的，如果博和专二者都做得很好，那么就“无间然矣”，即无可挑剔。这是颜之推对于处理学问当中的博与专的关系的主张。

《颜氏家训》反对在学习的过程中空诵章句，不切实际。这类人在学习过程中，空诵师言，老师说什么，就接受什么，接受了什么，就传诵什么，没有自己的发明、创造。

颜之推反对这样的学习方法，但是他更反对做学问过程中的咬文嚼字。他认为围绕一个字是什么意思就长篇大论，这种学问是不切实际的。他举了一个邺下博士买驴的例子。博士，是古代所设经学中的官员，也是经学权威，不管你是通诗经的，还是通书经的，或者是通礼经的，抑或是通春秋经的，都可以设为博士，是非常有学问的人。而正是这种非常有学问的人在集市上买驴子写契约的时候，他硬是写了三页纸还没有出现“驴”这个字。一份买驴的契约上，写了三页，愣是连个驴字都没出现，可见这是非常荒唐之事。颜之推说，如果这种人为人师的话，堪称“令人气塞”，这是令人非常气愤的事情。

他认为这种空洞的学问是没有意义的。他还举了一个例子，《孝经》开篇有“孔子居”三个字，对于其中“居”是什么含义，历史上争论不休，有人说是讲学的场所，有人说是孔子休息吃饭的地方。颜之推认为对这一个字的争论并没有多大的意义。他说，像这种争论这个字是什么含义，那个字又是什么含义，“一词为胜”的做法是不可取的。所以，他教育他的后世子孙，不要用争论一词来显现你自己比别人胜出多少，或者你自己就有多么高的学问。学问的目的还是要落实到我们的现实生活中，要解决我们当下的问题，要从我们的实际出发，来汲取前人的一些智慧，为我们所用。

人的一生中所要处理的问题非常多，尤其是处在今天这样的一个时代——一个知识大爆炸、信息大爆炸的时代，面对如此多的信息，我们要在广泛地涉猎这些信息的过程中，去寻求对我们最有效、最有益的信息，来解决我们这个时代所面对的问题，来解决我们人生所面对的问题。颜之推说，如果需要把天下的书全部读完，把天下所有的资料全部搜集完，才能去做某一件事情，这是不可能的。在古代不可能，那在今天就更不可能了。

所以，颜之推对博与专之间这种关系的处理，讲求学以致用，对我们今天依然具有很好的启发意义，对于我们自身和以后教育孩子如何去掌握学习的方法都具有一定的价值。

第五章 修身

修身的心理建设

《颜氏家训》写作的目的是教育后世子孙如何立身行道，治家安邦，“务先王之道，绍家世之业”，如果要将《颜氏家训》教育后世子孙的千言万语概括成一个字的话，这个字就是“诚”。

“诚”简单来说就是老老实实做人，踏踏实实做事。可以说，“诚”是《颜氏家训》的主旨。颜之推认为“巧伪不如拙诚”，也就是说，一个人再巧妙地伪装、掩盖、掩饰、修饰，都不如老老实实地表现出自己实际的本质好。《颜氏家训》还告诉我们，一个人是真是假，是诚是伪，“全存乎一心”，也就是说全取决于这个人的内心世界。而内心如何，就一定会表现在外在行为上。如果一个人能够巧饰、掩盖或者隐藏过去，那只能说明别人对你知道得不彻底罢了。再好的伪饰也会有被人发现的时候，这就是《大学》中所说的“诚于中，形于外”，意思是，一个人的内心，一定会通过他外在的东西，比如表情、行为等表现出来。

颜之推举例说，在春秋时期的郑襄公时代，执政大夫去世之后，伯石被指定担任新的执政大夫。于是国君派了太史传令给他，但是他故意辞让，辞让以后又暗地里对太史说他又想做这个执政大夫，于是国君再次任命他，他又辞让，如是者再三。颜之推还列举了王莽的例子。当时的执政者王根曾经想把自己的大司马一职让给王莽，但是王莽内心想当大司马，却虚情假意推却好几次。

颜之推说这都是巧伪的例子，可是他们最终留在历史上的名声又如何呢？后人在书写历史的时候，并没有给这两个人物留下什么好名声。他们当初自以为巧密，但后人看了却觉得毛骨悚然，非常可怕。因此这样的伪装在历史上留下了非常不好的名声。

在我们的现实生活中，其实也可以发现大量的“巧伪不如拙诚”的例子。比如，教育界的工作者都见过这样一些学生，这些学生为了取得一个好的成绩，会选择作弊。如果作弊成功，就会取得高分，但是作弊一旦败露，意味着不仅要判零分，还不可以参加补考，甚至于会面临被开除学籍的危险，因为作弊在任何一个学校都是不允许的。可见，作弊还不如有多少本事就发挥多少本事，该得多少分就得多少分。还有一个例子，就是轰动全国的三鹿奶粉事件。黑心商家往奶粉中掺三聚氰胺，靠它来提高蛋白质的含量，喝了这样的奶粉，对人体不仅无益，反而有害，尤其是对婴儿。同样是“巧伪不如拙诚”的一个现实的例子，结果导致这样一家很有名的企业很快就破产。

可以说，现实中“巧伪不如拙诚”的例子比比皆是。所以《颜氏家训》就告诉世人，我们要老老实实地做人，宁可拙诚也不要去讨巧。在现实生活中，好多人善于表演，善于作秀，善于装腔作势来哗众取宠，这样的人物在各行各业都能发现，并且还不是少数。但是这些人，如果长期如此，总有一天会败露，只是人们暂时还不了解他罢了，这就是巧伪，一旦到了败露的那一天，就会意识到颜之推所说的“巧伪不如拙诚”这句话是何等的重要。

△ 侍马图 唐

在现实生活中，无论是夸大自己的优点，还是掩饰自己的错误，都属于巧伪。如果故意夸大自己的优点，比如，某个优点本来只有3分，但是却把它夸大到6分乃至10分，这是一种巧伪；对自己的错误进行百般掩饰的行为，同样也是一种巧伪。所以，在《论语》中有一句话是这样说的，“小人之过也必文”，意思是，小人对于自己的过错，一定要文过饰非加以掩饰，而君子对于自己的过错，会堂堂正正光明磊落，所以会暴露在所有人的眼下。可见，小人与君子恰恰相反，但是错误已经形成，并不是一个人就能够掩饰得了的。许多善于伪装的人，自以为天下人都愚蠢，只有他自己是聪明的，其实这种人的认知恰恰是错误的，天下人都是聪明的，只有他才是最愚蠢的。当他的真相暴露的时候，就应该会想起《颜氏家训》中的告诫。

颜之推告诫世人做人做事一定要忠诚，也就是老老实实地做人、踏踏实实地做事。

余地是留给自己的

《颜氏家训》在修身“诚”上的主张主要体现在两方面：一方面从内心，颜之推认为要表现出诚，只要内心确实做到了诚，那么外在一定会体现出诚；另一方面在为人处世上，《颜氏家训》强调，要立己立人，无论做事还是立身，说话还是办事都要留有余地。

《颜氏家训》指出，我们的脚长不过数寸罢了，但是如果我们走在咫尺之途、非常险峻的山崖上，常常就会跌落悬崖。走在大概直径为20厘米的一座独木桥上，往往会掉到河里，这是为什么呢？《颜氏家训》给我们提供了很好的解答，这正是由于我们的脚旁边没有余地，所以才会掉下去。有人会说，这是因为我踩在独木桥上，导致独木桥的晃动，把我给晃下去的。可是，只有独木桥踩上去会晃动吗？假如这不是一个独木桥，而是用十条木头垒起来组合成的桥，有一米宽，甚至有三米宽，即便它再怎么晃，你还会掉下去吗？肯定不会掉下去，这是因为我们脚的周围有余地。由此可见，我们之所以会从咫尺之途的山路上、从独木桥上掉下去，并不是因为它放不下我们的脚，而是因为它和我们脚之间

◁ 群鱼戏藻图　宋・刘寀

没有回旋的余地。

其实，不仅是过桥、走山路要给自己的脚留有余地，同样，做人也要留有余地，我们说话做事都要留有余地，做到“己欲立而立人，己欲达而达人”。

在现实生活中，给自己留有余地实际上就是给别人留有余地；给别人留有余地其实就是给自己留有余地。比如，现在大多数人开车都会遵守交通秩序，主动让路，而这些不仅仅是为别人做的，更主要的是为自己做的。如果遇上堵车，仅剩一车之路，你直接开进去把这一车之路给堵了，后面的车也跟着开进去，这样你就没有了任何回旋的余地，想倒回来都不可能了。在我们的生活中，绝对不能走钢丝。因为，如果我们的人生就像走钢丝那样，随时有跌下去的危险，那么我们的生活一定会不开心，而且会相当地困难。这样的生活，不是一个非常舒服的生活境界，也不是一种非常安适的生活状态。

所以，不管是说话还是做事留有余地很重要。留有余地，并不是说要要滑头，而是在说话的时候，不能说满、说绝，要让它有一个回旋的范围。万一这个事情的发展，与我们所计划的不完全一样，我们也还有一个下台阶的机会。

留有余地是很重要的一种观念，儒家强调：己欲立而立人，己欲达而达人。意思是，自己想在社会上建功立业，要想到其他人也有这样的一种心境，也想在社会上建功立业；自己做事想要通达，别人做事也想要通达。整个的社会其实是人同此心，心同此理，大家有着共同的追求和希望，那么如何才能够同时实现自己美好的生活和帮助别人实现美好的生活呢？这就是颜之推所说的，我们要在现实生活中做到立己立人，就要把自己的生活状态调整到留有余地的状态。在《颜氏家训》中颜之推列举了很多例子来说明这个现象，在此我们就不做赘述了。“立己立人，留有余地”对中国思想史有着非常广泛的影响。在老百姓的日常生活中，这种思想也常常会在行为上表现出来。

留有余地就是指话不说太满，事不做太绝。《孙子兵法》强调“穷寇勿追”，老百姓的生活谚语中也有“兔子急了会咬人”。这就是在告诉我们做事要留有余地，做过头了，就会起到反面作用和反面影响。

不可窃人之美

《颜氏家训》在具体的修身问题上特别告诫后世子孙——不可窃人之美。要做到诚，首先要做到不掠人之美，或者说是不窃人之美。颜之推认为窃人之美，为君子所耻，即是让古今以来所有的君子感到羞耻的一件事情。

窃人之美包括我们今天所说的盗窃别人的研究成果、侵犯别人的知识产权之类的行为。颜之推将这种行为称作“用其言，弃其身，古人所耻”。如果一个人使用别人的语言、教导、成果，但是却不注明这些东西是别人的，这样的行为令古代的君子深以为耻。我们在使用别人的东西的时候，即便这个人的社会地位再低，知名度再低，甚至是一个穷人，也一定要“显称之”，也就是大大地表扬他。

窃取别人的财富，偷盗别人的东西是要受到法律制裁的。但是窃取别人的成果，即“窃人之美”，是把别人的功劳或者做的好事记在自己的身上，把别人的研究成果记在自己的身上，把别人的一些思想成果据为己有，这种行为虽然没有刑法来进行惩处，但是“鬼神之所责”，也就是说冥冥之中，这类人自然会受到惩罚。即这样的人总不会得到好报，一定没有好下场。古往今来，剽窃别人成果的行为并不在少数，并且所有剽窃别人成果的行为都会为后人所发现，这种人在历史上所留下的永远是坏的名声，这就是窃人之美的下场。

今天，在中国的知识界也存在着好多的盗版、侵权剽窃这样的现象。我们可以看出，这些人的所作所为不仅不符合道德规范，即使套用《颜氏家训》的标准来进行衡量，也是一种无耻的行为。

古人没条件使用一些科学的方法，或者用法律的武器来保护自己的知识财富，保护自己的名声，或者保护自己的权利。但是，现在我们可以借助于法律，来保护自己的知识发明权，保护自己著作的产权，保护自己的名声。古人只能是依靠道德的约束，寄希望于人从内心深处，或者是潜意识中，把窃取别人的成果作为应该深以为耻的事情，这种行为

△ 六君子图　元・倪瓒

应该为所有人所不齿，所不能原谅。

所以《颜氏家训》认为，修身应该从各个方面注意，尤其是应注意一些细节。对于文人，比如颜之推出生在一个以儒传家的家庭中，主要就是以文化传家，或者以诗礼传家。像这种家庭就有知识产权保护的问题，所以在这样的家庭背景下，颜之推才能够提出“窃人之美，鬼神之所责”。

依我之见，这样的教导即便是放在今天对我们还是有很重要的启发或者是借鉴意义的，应该成为现代人的一种道德的行为规范，或者是应该成为知识分子各种行为规范当中的非常重要的一条。

窃人之美归根结底就是不诚，就是巧伪。“巧伪不如拙诚”是《颜氏家训》给我们留下的非常重要的一条训诫，一条非常具有借鉴意义的格言。

修身之法

《颜氏家训》还教给我们：任何一个人都要“修身检己”。修身检己就是为了使自己的行为完全地符合道德的要求，要对自己所做过的事情、自己所发生的行为进行检点，时时地反省自己。我们认为修身有两种：一种是积极的修身；另一种是消极的修身。

积极的修身是指从正面提高德行，培养道德，培养正确的价值观、人生观，或者说培养那颗同情心，培养那颗仁爱心，培养遵守规范的心，培养公正心，培养廉明心，培养精忠报国之心，培养孝敬父母、慈爱子女的心，等等，这就是积极修身。这要求我们主动拓广我们的心胸，提升我们的人格，培养良好的行为习惯。

在现实生活中，我们的世界是错综复杂的，每一天都要面对各种各样的人际关系，都要处理各种各样的问题，出现错误也是难以避免的。所以，我们首先要做的就是保证我们心态平衡，当我们出现不恰当、不正确的行为的时候要及时改正，这是消极的修身。就像一辆车子出现毛病的时候就要及时修理，如果毛病不修理，终会出现更大的问题。

△ 匡庐图　五代・荆浩

当我们身体出现毛病的时候，我们就会生病，就需要及时看病吃药，修正我们的身体。我们心理、道德也会出现毛病，当出现了毛病的时候，我们要做自我调整和自我提高。而这种自我调整，实际上就是一个修身的过程。所以修身的目的，就是让我们在世界上能够安身立命，找到我们人生的方向、目标。

当然，修身的方法是多种多样的，但是归结起来就是两类，即改过和迁善。积极的修身就是迁善，向善的方面进行移动，向善的方面进行努力。而改过就是我们有了错误了，就要把它加以改正，这个就是所谓的消极的修身。无论是迁善还是改过，都离不开我们前面所讲的那一个字“诚”。如果没有诚，那么所有的修身都是虚伪的、虚假的。

孔子特别讨厌巧言令色，他认为“巧言令色，鲜矣仁”。其中巧言就是指颜之推所说的巧伪，即浮华不实之言。“巧言”就是所说的话将事实过分地扩大，或者过分地缩小，总而言之，就是和事实不一致。“令色”是指内心不尊重对方，但是表面上一定要装出一副尊重对方的样子；内心不爱对方，但是表面上一定要装出很爱对方的样子。内心甚至憎恶对方，但是在对方面前还表现得非常谦卑和谦恭，这些都是伪，都是不诚。

诚是做人的基础，诚是我们立身的根本，一旦诚不存在了，那么人将会守不住做人的一个基本的底线。在市场经济的今天，最注重的就是信用。可以说市场经济就是信用经济，如果失去了信用，那么整个社会的秩序将会一团糟。

《论语》中强调“民无信不立”，意思是，如果一个国家的老百姓对执政者失去了信任或者信赖，那整个社会将会变得没有秩序，当权的组织或者政府就会垮台了。所以，人民的信任是一个政权存在的前提和基础，而信任就是诚，所以诚信，对我们今天的现实生活仍然起到至关重要的作用。

天地万物，无一不充满着一个诚字，那么具体什么叫作诚呢？诚就是一个事物能够符合它本性完成自己。

一个不诚的事物，就是不像它本来应该的样子。由此，大家知道，人也要像人样，那么人如何才能像人样？做到了诚，就像个人样，做不到诚，那就不像个人样。所以我们说，诚是做人的最基本的行为规范，是人的安身立命之基，如果一个人失去了诚，就可以说这个人不像一个人了。

所以《颜氏家训》千言万语，旨在告诉他的后世子孙一个“诚”字，告诉天下人一个“诚”字。目的就是要让人活得像人的样子，让他的子孙活得有个人的样子，让天下人活得有个人样。

诚在《颜氏家训》中具有重要作用，可以说是《颜氏家训》教子孙后代立身行道的核心观念。我们希望社会是一个诚信的社会，一个不欺的社会，同样也希望，人人都能够做到诚实守信，那么我们的社会，将会是一个有秩序的、充满着爱意的、充满着关怀的社会。

第六章

交友

朋友的重要性

中国传统文化是非常看重朋友的，把朋友一伦视为五伦之一，五伦包括血缘伦理中的父子、夫妇、兄弟这三伦以及社会伦常中的政治伦理君臣一伦和朋友一伦。老百姓常说，“在家靠父母，出门靠朋友”，尤其在一个现代化的社会中，我们往往是从四面八方只身汇聚到一个陌生的城市，没有父母，也没有兄弟姐妹可以依靠。这时，能给我们伸出援手的只有朋友，在陌生的城市相互扶持。

所以，在现在的社会中，朋友的地位更为重要和关键。那么在朋友的选择上应该注意什么，朋友会对我们产生什么样的影响呢？

《三字经》中有两句话“昔孟母，择邻处”，讲的是孟母三迁的故事。孟子的母亲，为了让孟子接受到良好的教育，在一种良好的环境中成长，于是择邻而居。

孟子他们家最开始居住在一个喧哗的闹市旁边，结果孟子非常聪明，就和小朋友们一起学习做买卖，也学着商人出摊、吆喝、摆货、卖东西。他妈妈一看如果这样下去，让孟子在这样的环境中成长，可能会受到商业文化的影响。也许做商人是现在许多家长对孩子的希望，但是在中国重读书人而轻商人的传统社会当中，这不符合孟子母亲的要求，这不是她对孩子的培养目标，于是她把家迁到了另一个地方。

这个地方靠近一个类似公墓的墓地，这个地方经常会举行一些葬礼，于是孟子就和小朋友们做埋死人、行葬礼这样的一些游戏。他妈妈一看觉得也不符合她对孟子的培养目标的要求，于是她又把家迁到了另一个地方。

孟子的母亲搬家到靠近学宫的地方，这里到处都是琅琅的读书声，学生与老师出入学宫彬彬有礼，孟子的母亲认为，这才是她最理想的安家之处，才是适合孩子成长的环境，于是她就在靠近学堂的地方定居下来。

这个故事里究竟有多少真实历史的成分，我们今天不去分析它，但是这个故事对我们很具有启发性，告诉我们环境对一个孩子成长的影响。孔子曾说过一句话“里仁为美”，其中“里仁”就是你所选择的居处，也就是我们今天居住的社区，如果这个社区有仁厚的风俗，就是良好的社区，否则就不是良好的社区。所以，我们选择居住环境一定要选择一个风俗比较好，道德水平比较高的地方，因为居住环境对孩子有着潜移默化的影响。

战国末期的一位大儒荀子曾说过，一个君子“居必择乡，游必就

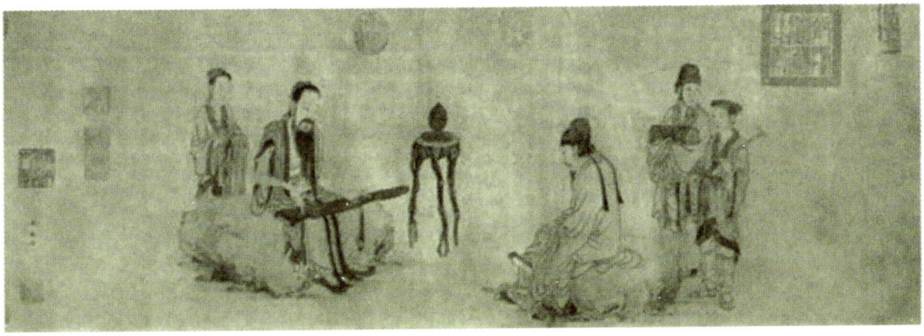

△ 伯牙鼓雅图　元·王振鹏

士”，“居”指安家，这句的意思是在安家落户的时候必须注意选择文化水平高、道德风尚好的地方，要是交友的话，一定要选择那种道德品行高尚的人。

《颜氏家训》总结和继承了前人交友的思想，认为交友对一个人来说非常重要，所以一个君子要非常小心谨慎地选择自己的朋友。颜之推说：“与善人居，如入芝兰之室，久而自芳也；与恶人处，如入鲍鱼之肆，久而自臭也。墨子悲于染丝，是之谓矣。君子必慎交游焉。”意思是，与那些品行高尚的人一起生活，就像进入了一个放满了兰花香草的房间、一个鲜花盛开的殿堂一样，时间长了自己身上都布满了芳草和兰花香气，洋溢着鲜花的芳香；如果和那些图谋不轨、心怀不良的人相处，那就像夏天进入了一个卖腥鱼的市场一样，而在这种环境下，生活的时间长了，自己身上也自然散发出那种鱼的腥臭味。这就是环境对人的影响。

为什么墨子悲染丝呢？墨子是春秋战国时期墨家学派的创始人，他有一个非常著名的言论“兼相爱，交相利”，强调爱人若己，同时墨子也非常强调环境对人的影响。有一次，他带学生走进一个染房，他给学生说，大家看看，本来同样是洁白的丝，但是把这一团洁白的丝麻，放在黑的染料缸去染，它就会变成黑色；把它放在黄的染料缸里去染，它就会变成黄色；把它放在青的染料缸里去染，它就会变成青色。所以丝在什么颜色的染缸里染过，就会变成什么样的颜色。丝是如此，人也一样。

刚出生的孩子的心性、本质就像这个洁白无瑕的丝一样，把他放在什么样的环境里进行锻造、熏染，长大了以后，这个孩子就会成为什么样的人。所以，环境对一个人的影响，可以说是至关重要的，对一个人的性格的形成，对一个人的本质的形成，都起到一个非常重要的作用。

人文环境是人成长的第一环境。孔子说：“不知其子视其父，不知其人视其友。”正是“物以类聚，人以群分”。《颜氏家训》认为，人在年少，神情未定，周围的人对年少之人，会发生熏渍陶染的作用，对其朋友的言笑举动，虽然无心于学，但会受到潜移默化的影响，朋友是一个人成长的重要助缘。曾国藩甚至说“一个人一生之成败，关乎朋友”。正与《颜氏家训》论择友意义相似。

慎交友

《颜氏家训》告诉我们，君子对朋友的选择一定是谨慎又谨慎的，因为朋友对一个人的影响是非常大的。那么我们该交什么样的朋友呢？什么样的朋友可交呢？什么样的朋友不可交呢？看过《论语》的都知道孔子已经给我们以提示——要交对我们有益的朋友，有三种，叫作“友直，友谅，友多闻”。就是交朋友要交正直的朋友，讲诚信的朋友，见识广博的朋友。孔子说，交这样的朋友，对我们的成长有益处，相反如果你交性格偏激的朋友、阳奉阴违的朋友，交夸夸其谈而没有真才实学的朋友，不仅对我们的人生成长无益，还会有害。

所以，中国的文化传统特别强调交友，一个良好的朋友可以促进我们成长，帮助我们朝良好方向发展，成为我们向上提升的一种助力，或者像是一块砥石，而我们自己就像一把刀，在与益友的相互砥砺中，我们的德行不断成长提高。

中国人有一句古语，“物以类聚，人以群分”（出自《周易》中的《易传》），把这句话运用到朋友身上去，就是“不知其人视其友”，意思是，任何一个事物都会与它的同类聚合在一起，人也如此，会与性情相投的人聚合在一起。比如看电视纪录片《动物世界》，我们从中可以看到在非洲大草原上野牛、角马成群，你从来不会见到一个野牛群、角马群当中还混有几头狮子或羚羊。

△ 竹亭对棋图　明·钱穀

自然界的动物尚且如此，何况作为成物之灵的人呢！

不同的人有着不同的性情，不同的爱好，不同的专业，不同的生活经历，同类型的人就通过朋友的形式汇合起来。如果一个人所交朋友都是些乌七八糟之人，那么其他人就会把这个人看成这个群体当中的一员；如果一个人交的朋友都是些道德高尚、很有学养、很有修为的人，大家也会把这个人看成这个群体当中的一分子。

交友对我们每一个人来说都是一门学问，这门学问，我们要很好地驾驭它、掌握它，多交益友，远离损友，让朋友成为我们成长的一种助力，让朋友成为提高我们德行的一种助力。《论语》中有句话，“以文会友，以友辅仁”，说的就是这个道理。

以我们的学问修养来会合朋友，不要饱食终日，群聚终日，大家凑在一起胡吹海侃，但是言不及义，即所吹所侃没有一句合乎道义。孔子认为这样的人是非常麻烦的。朋友坐在一起相互切磋，切磋的是学问；相互启发，启发的是德行，让学问、知识与品德在与朋友的相互切磋、陶冶中，一同成长和提高。这可以说是中国古人的交友之道。

孔子曾经说过"无友不如己者"，一般人可能会将其理解为，我交的朋友，能力都要比我强，地位都要比我高。这样的理解，就把这句话的意思完全弄反了，理解偏了。比如一个科长说，孔子说了我交的朋友都应该比我强，所以科长以下的朋友我不交，我要交处长以上的朋友；或者一个百万富翁，要交的朋友一定要是千万、亿万富翁。这种理解和孔子所要表达的完全背道而驰。

孔子的如与不如，是从道德修养上说的，不是从财富和社会地位上说的。朋友是志同道合之人，不讲财富的多少、地位的高低。如果按照上面的说法，孔子几乎是没有朋友的，因为孔子是圣人，他的修为如此之高，但孔子曾说过一句话，"三人行必有我师焉，择其善者而从之，其不善者而改之"，意思是三个人一起走路，其中有一个是我朋友，因为他有些方面比我强。由此可见，并不是全面比我强才和他交朋友。

《颜氏家训》也好，孔子也罢，强调的都是只要某人某一方面比我强，他就足以为我师，足以为我友，就值得我向他学习。所以《颜氏家训》在诠释孔子"无友不如己者"这句话的时候说，就称真要做到这点，那就不一定非要去结交历史上出现的那种大贤，像晏子、复圣公、闵子骞这类道德非常高尚的人不可。闵子骞是二十四孝中一个非常有名的人物。闵子骞的墓地在济南，现在济南那个地方还有条街叫闵子骞路，在山东大学的旁边。闵子骞是以孝行而闻名天下的。《颜氏家训》提出，如果一定要遇见了像晏子、闵子骞这样的人，我们才去仰慕他们，才会交朋友，这正是“颜闵之徒，何可世得”，难道我们就不交朋友了吗？知道了“但优于我，便足贵之”，我们就释然了。

《颜氏家训》告诉我们，只要他人有某一方面优于我，就值得我学习、敬仰，就值得我交这位朋友。在现实生活中，我们常常能遇到这样的人。比如，我的一个朋友非常孝敬他的母亲，他母亲瘫痪在床十多年，他尽到了一个做儿子能够尽到的全部的义务，这种行为就让我非常感动，我认为这样的人就值得我学习。还有一个朋友，父母早死，他非常照顾他的弟弟妹妹，把他们照顾得非常好，甚至于他可以放弃自己的一些享受，来照顾他的弟弟妹妹，我觉得这个人有着如此好的品行，也非常值得我学习，值得我去效法，就值得为我友。这是我交友的原则。

颜之推认为，交友就是我们要倾慕贤良，我们是向那些好人进行学习，学习人家的长处，来弥补自己的不足，来优化自己的品行，仅此而已。

外来的和尚好念经？

怎样才能寻找到贤良之人，让我去仰慕呢？很多人有这样的一种心态，就是放眼望去，感觉周围没有一个人值得我学。似乎每个人都有毛病、缺点，好像满眼无好人。颜之推认为，这恰恰是我们犯了世人通常犯的毛病："重遥轻近""贵耳贱目"。

"重遥轻近"的意思是我们人类常常有一种毛病，如果听说远处有一个人，他如何了得，就会非常倾慕他、崇拜他、迷恋他。但是对于自己身边的人，就觉得他没有什么了不起的。

"贵耳贱目"是人们的另一种毛病，即耳朵听见别人描述某某人如何了得，歌唱得如何之好，什么东西做得如何之妙，大家心里就非常地倾慕他，甚至踮起脚尖，伸长脖子，想要与他交友，向他学习。但是，如果亲眼见到这个人，反而看不出这个人有什么了不起的地方，看不出这个人有哪些方面值得我们学习的。

所以，颜之推说世人之弊常常是"重遥轻近"，也就是所谓的"外来的和尚好念经"，只要是外来的和尚，我们就觉得他的经念得好，而周边的和尚念的经就觉得平平。

孔子在世的时候，也非常不得志，直到五十多岁，才在鲁国做了一个中都宰，是鲁国的一个地方行政长官。但是他做得非常成功，“四方皆则之”。各个地方都把孔子当作学习效法的榜样、模范之躯。虽然孔子只做了一年的行政长官，却有如此的政绩和影响。

一年之后，孔子做了大司寇，相当于我们现在司法机构最大的官员。随后又做了三个月的代理宰相，把鲁国治理得蒸蒸日上。

但是好景不长，孔子被迫带着他的学生周游列国，在外长达十四年之久。当时的鲁国人看孔子“为东家丘”，即我东边的老邻居孔丘罢了，没有什么了不起的。以孔子如此之圣，人们尚且有这种想法，何况普通人。

还有一个例子，宫之奇自幼就和虞国的国君一起长大，他在虞国进谏，结果国君不听，就是因为两个人从小一起长大，反而不肯相信他的谏诤，结果虞国就灭亡了。

《颜氏家训》告诉我们：不要总是期望远处有一个贤良，然后我们就去敬慕他，去交好他，我们更应该注重发现我们身边的人，发掘他的优点、他的长项，我们向他学习更加容易，向他学习更加有利。

《颜氏家训》的作者颜之推说：在我的生活之中，我虽然历尽坎坷，但只要遇见贤能之人未尝不醉心而倾慕也，尽力地向他学习。这也是颜之推之所以能够成为颜之推的一个非常重要的理由。

他告诉我们，在现实生活中可能会遇见各色各样的人物，千万不要轻视我们身边任何一个人，和自己经常打交道的人中大有贤能之人，多多向他们学习，可能对我们整个的人生来讲，更有意义，更有价值。

长期以来，中国人形成了一种观念，“外国的月亮比较圆”。今天进一步推广，甚至说外国的月亮都比中国的月亮圆，形成了现如今的这样一个局面。这也就是所谓的“外来的和尚好念经”，不管他经念得如何，只要他是外来的就行。一些地方政府为了推动它的形象工程，要请两个外国人来，他们不管这两个外国人到底是什么人物，水平如何，只要是高鼻深目的外国人一到场，好像规格一下子就提升了，他们的水平一下子就国际化了。

我们今天竟然面临着这样的局面，只要外国人一说中国文化好，国人就欢欣鼓舞，我们自信心就上来了；外国人一说我们不好，我们就立马泄气，灰头土脸，好像我们就不行了。可见，有的时候外国人的是非、真假、善恶、美丑观念，直接可以左右我们的价值观。

所以，颜之推所说“贵耳贱目”“重遥轻近”的这种现象，在现在这个时代表现得尤为突出。所以当我们感受到这样一种现象，重温颜之推的这段教诲，对我们来说有着特别的意义和价值。

朋友是我们成长的一种助力，是我们人格提高的一种助力。《颜氏家训》从环境对我们交友的影响，到我们要善于发现别人的长处为我所用，再到我们要发现我们周边的人的长处，周边人的美德，为我所学，为我所需，给我们提供了一个切实可行的交友之道。它对于我们以后安家，选择居住的环境，培养孩子，都给出了一些良好的启示。

所以，我们应该记住这几句名言，所谓“与善人居，如入芝兰之室，久而自芳也；与恶人处，如入鲍鱼之肆，久而自臭也”。君子要慎交朋友，这一点对我们今天的生活有着特别的价值。

第七章 治家（上）

宽严相济，赏罚分明

在古代，传统的知识分子或者士大夫，把“修身，齐家，治国，平天下”作为自己的理想诉求，治家在其中占有非常重要的地位。《颜氏家训》作为家训，它必然牵扯到如何治家的问题。治家，换言之就是家政管理，即如何处理好家庭的内部关系，如何处理好与其他家庭乃至社会的关系，如何使家庭形成良好的门风或者家风，形成自己家庭乃至家族的道德风尚，是治家非常重要的内容。

古代传统意义上的家和我们现在所说的家的概念不尽相同。今天的家大多由一对夫妻再加上一个或数个孩子所形成的小家庭为主，而传统的士大夫之家，相当于一个小社会，他们有自己的封地，家里有自己的奴仆，有可以使唤的各色僮仆等，构成了属于自己的一个小的社会，可以说家是缩小的国，国是扩大的家，家国同构。所以，传统的家不仅是一个经济单位，也是一个社会的、教育的单元结构。

颜之推在《颜氏家训》中主张如何来处理家庭关系呢？

颜之推认为治家和治国的道理是相通的，所谓“治家犹治国也”。治

◁ 一团和气图　明・朱见深

国的道理就是“宽猛相济”，“宽”就是宽厚，宽容，仁爱，“猛”就是严厉，讲究惩处的手段。颜之推指出，如果笞怒或者刑法在家中荒废，这个家庭只有宽仁，而在没有任何处罚的手段的时候，那么这个家庭就“竖子之过立见”，意思是家里人就会犯各种各样的错误，因为没有什么章法可以遵守或有章法而无人遵守。

如果一个家庭赏罚不明，刑罚不正，“则民无所措手足”，意思是，如果家庭没有一定的赏罚制度，每一个成员都手足无措，不知道该做什么事情，又该怎么做事情。

所以，他认为治家的道理和治国的道理是一样的，要宽猛相济。

他举例说，梁元帝时期的一个中书舍人，级别类似于中央秘书长级的干部，治家过于严苛，对待妻妾，对待家庭的一些奴仆，过于严苛，甚至严苛到家人都接受不了了，结果他的妻妾买通刺客，趁他酒醉的时候，就把他给杀掉了。这就是治家失度的典型案例。所谓失度，就是失去了应有的原则和标准，过于刻薄，最后招致杀身之祸。

现在的社会中，这样的例子也不在少数，比如有些父亲对自己的太太乃至子女动辄诉诸家庭暴力，轻则妻离子散，重则导致家庭血案。曾在报纸看到过这样的报道：由于一个人长期对太太施行家庭暴力，家里的孩子实在是接受不了了，于是他的儿子就要为妈妈报仇，直接把他爸爸给杀了。可见，这是处理家庭问题失当所带来的恶果，或者叫人间惨剧。

颜之推认为，如果我们处理家庭问题过于宽仁，没有任何威严，对孩子一味地迁就，对家庭问题无原则地退让，必然会带来一些不好的结果。

他也举例说，有一个人处理家庭问题过于宽仁，宽仁到没有任何节制。有时候他要送给别人东西，由于他治家宽仁，那些为他打杂的人就会从中克扣，因为克扣了也不会受到任何处罚。施惠然诺，妻子节量，狎侮宾客，侵耗乡党。颜之推认为，这是“为家之巨蠹矣”，即这是治家巨大的祸害，也是治家不得当的另一典型。

还有一个例子，一个官宦人家的男主人，有一年由于淫雨霏霏，家里已经没有粮食可吃了，于是派了一个仆人去买粮食，结果这个仆人卷钱就跑了。三四天后才把这个仆人抓回来，抓回来后竟然没有施行任何的制裁措施，只是说家里一家人都在挨饿，你怎么就跑了呢？问了这一句就完事了。这个人还把自己的房子借给别人，我们知道过去的房子并不像现在是钢筋混凝土的结构，而是用木头之类的东西盖成的，结果借住他房子的这家人，就把他的房子上的一些东西拆下来烧火，他竟然皱皱眉头一言未发。颜之推说这就是过于宽仁，这种过于宽仁也绝无好处。

在我们日常生活中也有类似的例子。我见过这么一对父母，对他们的孩子非常宽松，不论孩子犯了任何错误，从来都没有责罚过，严罚那就更不可能了。小的时候，我还认为人家的父母多好，从来不训斥也不打骂孩子。但是长大后发现，许多这种家庭长大的孩子不仅没有出息，而且有的还会违法乱纪。

所以，在家庭管理中，我们要体悟《颜氏家训》中的治家道理、治家良方，一言以蔽之，就是要用孔子的中庸之道来治家。

什么叫作中庸之道？中庸之道就是适度的原则，就是无论宽猛都要有一个适度的原则。这个适度的原则也就是过犹不及。过于严苛家庭会出乱子，过于宽仁家庭照样会出现问题。

古代的大家庭相当于我们今天的一些民营企业，打理这样的企业和打理家庭是道理相通的。

民营企业家，尤其是一些比较落后的乡村里的民营企业家，管理企业往往采用的是家长式的管理。这种管理非常严苛，他们对于员工动辄辱骂，甚至是拳打脚踢，这还都是轻的。如果他长此以往诉诸暴力来管理企业，那我想他就会像梁元帝时候的那个中书舍人一样，那些员工虽然不至于有趁他酒醉的时候杀死他的做法，但是心中也会有恨不得他不得好死的念头。

所以，过于严苛地治理企业是行不通的，但是过于宽仁地治理一个企业，同样不能够把一个企业治理好。过于宽仁就会导致一个企业没有章法可循，一旦没有章法可循，那么员工必然会手足无措。能不能把员工培养成现代化企业的员工，方法即宽猛相济。

可见，治理企业和治家、教育孩子都是相通的，如《颜氏家训》在处理父母与子女的关系上强调要“威而有慈”，在处理家庭关系的过程中强调要宽猛相济。

宽猛相济本来是孔子的一种治国理念，而颜之推将孔子的这种治国思想运用到家庭管理当中去，用于处理家庭内外关系，还是恰当的。

俭而不吝，施而不奢

在处理家和家的关系这个问题上，颜之推在《颜氏家训》中提倡要“俭而不吝，施而不奢”。其中“俭”就是俭朴、节约，“吝”就是吝啬、小气。意思就是居家过日子要节约，要俭朴，但绝对不能小气、吝啬。“施”是指施舍、给予，意思是在日常生活中要懂得施舍，当别人需要帮助的时候，我们要伸出援救之手，但是施舍的时候，不要显得过于奢侈、铺张。

《颜氏家训》引证《论语》中的话，“如有周公之才之美，使骄且吝，其余不足观也已”。周公是西周时期一位杰出的政治家，治理国家的才能非常卓越，在中国文化史上，周公占有非常重要的地位。所以孔子曾经梦周公，把周公当作他生活和精神的重要榜样。这句话是什么意思呢？意思是，即便一个人有周公那样的才气，如果同时犯了骄横且小气这两种毛病，那他其他的方面也就不值得一看了。

有些人很骄傲，但是这样的人的性格往往很大方；而很小气的人，往往又显得比较谦恭。但是，如果一个人既骄横且小气，这就把这两种缺点集于一身，即使这个人才华堪比周公，或者有周公那样的美貌，其他都全不必论了。可想而知，如果一个人既骄横又小气，那他其余的品德能够挽回这样的缺点吗？

孔子还说："奢则不逊，俭则固；与其不逊也，宁固。"意思是，一个人如果奢侈就会显得不谦逊，就会骄横，就会高傲；而一个人一旦俭朴节约，往往又显得非常寒酸，所以看上去就小里小气的。孔子认为在这两者当中，与其显得骄横不逊，倒宁愿显得小气寒酸一些。所以，孔子把俭作为我们生活中的一种美德。

不仅是孔子，在整个的中国文化里都存在一种尚俭的品德。与孔子同时代，比孔子稍微年长一点的一个著名人物晏婴，就是生活俭朴的典范。他虽然位居齐景公的宰相，但是生活却非常俭朴。道家的老子也非常崇尚俭朴。墨家就更加注重俭朴，提倡节用、节财，甚至节丧，墨家崇尚俭朴可以说是无以复加。整个华夏民族的文化传统就是崇尚节约、崇尚俭朴的传统。

开源节流是非常重要的理财方法。当金融风暴席卷而来的时候，中国人和美国人的不同生活态度就体现出来了。中国人不喜欢提前消费。中国人一般的态度是，如果有 10 块钱，会花掉 5 块钱，剩下的那 5 块钱以备不时之需。这是中国人的一种生活态度，这种生活态度是渊源有自的，由此，塑造了我们民族的这一品格。

《颜氏家训》中对俭有特别的交代，俭是"省约为礼之谓也"，意思是，俭是节约，但是节约一方面要合乎礼节，也就是说不能过分节约；另一方面节约的目的是完成祭祀、人情往来之礼仪。吝是"穷急不恤之谓也"，意思是，吝就是别人身陷困境，但是你不肯周济、关照帮助，这个就叫作小气。可见，吝并不是指自己对自己刻薄，而是相对于家与家之间的关系而言的。比如你的生活很好，但是你的亲朋好友面临着困难，迫切需要你施以援手来拉他一把，如果这个时候你不肯施以援手，才叫作吝。

所以，颜之推认为，治家方法应该是“施而不奢”“俭而不吝”。他以齐梁的名士裴子野的例子来说明“施而不奢”“俭而不吝”。

裴子野是南北朝时期一个非常著名的人物，他在朝为官十余年，生活非常清苦。有一年发生了水灾，他的好多亲戚都吃不上饭了，这时裴子野是怎么做的呢？当时他自己家里粮食也不多了，他就把自己家的粮食计量好，每一天做一些薄粥，周济所有来投奔他的亲戚。他每天和他的亲戚们一起喝碗薄粥，毫无怨色。裴子野就是俭而不吝、施而不奢的典范。

相反，有些人就非常小气。他举了一个例子：南阳有一个富翁或者说一个土财主，家里非常有钱，土地非常多，但他生性吝啬，以至于在生活中非常刻薄。古代人十分重视冬至，每逢冬至女儿和女婿都要回到娘家，给娘家来送过年礼，或者是简单地看望一下父母。有一年冬至，他的女婿和女儿来到了娘家，这个富翁就用一铜瓯酒（瓯是一种盛酒的一种器皿，也就是一小壶酒），以及几片切得很薄的獐肉来招待自己女婿。他女婿心里恨其单薄，心想岳父家如此有钱，却用这种单薄的方式来招待自己的女婿。因为在中国古代女婿是非常尊贵的客人。这位女婿心里非常不平，气得什么礼数都不讲了，把这壶酒一饮而尽，几片肉一口吞下。这位岳父一看，只好吩咐再给他添酒、添肉，这样添酒添肉，如是者再三，反复地添了好多次酒、添了好几次肉，结果这个女婿还没有喝醉，也还没有吃饱。饭毕，富翁对他的女儿说，你们家这么贫穷是因为你丈夫太贪杯了。富翁死去以后，他的几个儿子为争夺他财产的继承权就闹起矛盾，因为分财不均，哥哥就把弟弟给杀死了。

我们分析一下这个故事，这位富翁积累了这么多财富，对他的儿女来讲，到底他积的是德和福，还是恶和祸呢？我想他积下的财富，如果最后惹得兄弟相残，那么这个财主给他的子孙所留下的绝非是德和福，而恰恰是恶和祸。这个例子，即便在今天看来仍然让我们很多人感到心颤。

颜之推还举了许多人的例子，比如，西晋时期一个富人石崇和王恺斗富的故事。他们两人比谁更加富有，晋武帝是王恺的外甥，但是即使在晋武帝的帮助下，王恺还是斗不过石崇。其实自晋以来，奢靡之风在上层社会是非常流行的。所以颜之推这套“俭而不吝”的理论，是在特殊的时代背景的有感而发。

还有一个例子，一个官宦人家家里的奴仆已经有八百个了，他当了更大的官之后，发誓要把他家里的佣人添到一千个。为了添到一千，他不惜一切手段。终有一天，他被政府所制裁，关进监狱之后又被抄家，单单是从他家里抄出来的鞋就有整整一屋，金银财宝等各种各样的财富更是多得不得了。所以颜之推认为，所有这种积累财富而刻薄乡邻、刻薄亲友的行为，是不能给儿女带来幸福的，反而恰恰会给后代乃至给自身带来祸害。

敬惜字纸

颜之推在《颜氏家训》中除了告诫我们，在处理好家与家的关系时，要有济人之难、救人之急的胸怀，他还强调作为一个文化之家、一个传承文化的氏族家庭，应该如何对待文化典籍，如何对待书籍。在《颜氏家训》中颜之推有一套非常好的理论来对待借人典籍的问题。

古代的印刷业远没有今天发达。现在一本《论语》有几十家，乃至上百家出版社都在出版，而古代印刷术比较落后，绝对无法想象今天这种发达的出版业，所以书籍在当时就是一种非常稀缺的资源。

当你向别人借了书籍，如果这本书你借来以前就有毁坏，比如有些地方被撕了，有些地方的线有所开损了，有些地方有些破旧了，那应该怎么办？颜之推说就应该给它加以补救，把这本书给修理好，然后如期还给对方。如果你可以主动把书给修理好，那么人家就不会厌烦你去借书，当你有再次借书的需求的时候，别人还是愿意借给你。

颜之推举了一个例子。在济阳有位姓姜的学者，这个人一旦借了人家的书籍来，就会非常爱惜，不管遇到多重要或者再紧急的事情，他一定会把书籍摆得非常规整，然后再离开。所以人们都不厌其借，都愿意把书借给他看。

作为读书人，我们应该把所有的书籍都规整好。我们看书用的书桌或者写字台都要打扫得规规整整，书籍也要摆放得规规整整的，防止书籍被小孩子或者其他人破损或者弄脏，也不能让书籍遭受风吹日晒雨淋，防止书籍被虫子或者老鼠咬坏等等。只有避免这些情况发生，别人才愿意借书给你。

颜之推不仅是在借书的时候提倡爱护书的原则，他在对待先贤的典籍，比如古人的《五经》这些书的时候，从来都是肃然面对，不敢懈怠。中国的古人对待印刷品，尤其是对待字和纸，都是非常爱惜的，认为这是神圣之物。如果书籍上有我们古圣往贤的名字，那就绝对不敢加以污染，加以破坏，更不敢把书籍动辄坐在屁股底下，古人认为那是不可思议的，把圣人的名字坐在你的

△ 李白行吟图　宋・梁楷

屁股底下，这是对圣人的大不敬。

有一年我到山东烟台的一个地方做一项田野调查，看到一块民国时期所立的专表爱惜字纸的碑。这块碑叫作敬惜字纸碑，这块碑是什么来历呢？是当地的乡绅，或者有名望的人物，看到民国以来印刷品大量流行，人们就把这些印刷品用来包装各种点心，或者随意丢弃，以至于到处都是，有的印刷品，甚至被当作厕纸使用。于是，这些有社会身份的人，就非常地痛惜，说要让所有的人知道，我们每一个人都应该爱惜字纸，对字纸做合理的处理，不能够到处乱扔，如果这些字纸需要焚化，也要找一个合适的地方，把它们一起烧掉。

这是中国传统对于文化的一种态度，不仅爱惜文化的含义和精神，而且爱惜文化的载体，把文字和纸张看得非常神圣。可以说这样的一种传统，与《颜氏家训》的教导非常一致、切合。

第八章 治家（下）

榜样的力量

《颜氏家训》认为，有人民而后有夫妇，人类诞生之后产生了男女关系，夫妇关系就存在了。有了夫妻然后就有了父子，有父子也就有了兄弟。人类的人伦关系或者说血缘关系不过三种：夫妻之间的关系、父子之间的关系、兄弟之间的关系，其他所有的血缘、姻亲关系，都是由这三种基本的关系推出来的。所以《颜氏家训》特别注重这三种关系的处理，以及这三种关系的和谐。

《颜氏家训》是如何处理这三种关系的呢？它和以往的儒家对这个问题上的处理方式有所不同，在《颜氏家训》看来，一个家庭良好风气的形成、一个社会良好风气的形成，应该从上施于下，从先施于后。也就是说，居于高位的人应该给社会低层次的人树立一种榜样，前人应该给后人树立一种典范。

当然这种原则和《论语》中的孔子的教导还是一致的。孔子强调的是，“君子之德风，小人之德草，草上之风必偃”，意思是，作为统治者、管理者或者居于上位者，你的德行，你的操守，就像风一样，对于你的下属，对于你的民众，对于社会大众，会起到一个规范和引导的作用。所以管理者、统治者或者是居于上位者往哪个方向引导，那老百姓自然会朝着哪个方向去走。

《颜氏家训》认为风化是由上而施于下，由先而施于后，一个良好的社会风尚就是这样形成的。如颜之推所说，当把这样的原则贯穿到家庭的治理之中，所以“父不慈则子不孝，夫不义则妇不顺，兄不友则弟不恭”，意思是，如果作为父母，你不能够做到仁慈，对子女不慈爱，甚至对孩子生而不养，养而不教，这个孩子生了以后，任其自生自灭，或者对孩子一味地严苛，有威而无慈，那么作为子女，就很难产生孝敬之心。

《弟子规》有言“父爱我，孝何难，父憎我，孝方贤”，如果父亲不慈而孩子能孝，这可以说是难能可贵，或者我们只能说古人认为这种行为是难能可贵的，因为通常父慈应该在子孝的前面。

同理，作为丈夫，一个家庭的男主人，无论是处理夫妻关系，还是

△ 浴婴图　宋

处理社会关系，都应该做到公平、正直、仗义，做事要合乎道义，合乎原则。如果一个丈夫不讲道义，胡搅蛮缠，蛮横无理，那么妻子就不会顺从他。

当今社会讲求男女平等，但是古代社会的传统家庭中，是讲究做太太的应该柔顺，太太的伦理角色的要求和我们今天的社会是不一样的。这点我们暂且不考虑，至少这一条中蕴含的道理是非常好的，它表达了一个丈夫做事一定要讲究道义，在家中讲道义，在社会上也是一个有道德有操守的人，太太才会对你好，这是最起码的。同理，如果做兄长的不关心、爱护弟弟，那么做弟弟的对待兄长，也不会有那种非常好的感情。

《颜氏家训》强调，为父的、为夫的、为兄的要率先垂范，要为儿子、妻子、弟弟做出榜样。要先施而后求，做父亲的首先要做到对孩子慈爱，然后才要求孩子孝敬；做丈夫的，首先要做到对妻子有情有义，然后才要求太太友好和善；做兄长的，首先对弟弟非常关心，然后才能要求弟弟对兄长特别尊重。这是《颜氏家训》的主张。

《颜氏家训》和汉朝以后普遍奉行的“三纲”观念是有差异的，所谓“三纲”就是“君为臣纲，父为子纲，夫为妻纲”。《颜氏家训》中的说法和这样的观念有一定差异。颜之推认为如果说君主一定要求为臣之纲，丈夫一定要求为妻之纲，父亲一定要求为子之纲的话，肯定就会处理不好家庭内部的伦理关系，会让家庭内部的关系失衡。

如果做父亲的做到了仁慈，对孩子慈爱，并且非常关心和爱护自己的孩子，但是孩子仍然不孝敬该怎么办？

有好多这样的例子，中国有句古话叫“棍棒底下出孝子”，这句话未必合理，但也不是毫无根据。当然，古人所说的“养不教，父之过，教不严，师之惰”，这句话是有道理的。颜之推说，如果父亲做到了慈爱，而儿子仍然不孝敬；丈夫做到了有情有义，做事公平合理，是一个道德人格无瑕疵的人，但是妻子仍然不柔顺；兄长做得很好，但是弟弟仍然对兄长不尊重，他说这样的人就不是教化所能解决的了，应该让刑罚来管束他。

我们现实生活当中就有很多这样的例子。比如一个父亲对孩子非常慈爱，甚至到了溺爱的程度，自己的孩子有一优点就到处颂扬，有一过错就百般掩饰，甚至孩子犯了罪，都竭力地给他辩护，竭力地想办法给他脱罪。到头来的结果就是为这个孩子做得越多，开脱得越多，他就变得越顽冥不化，最终只能让他犯更多的罪、造更多的孽，受到法律更严重的惩处。

如果一个孩子确实是顽冥不化，就算父母慈爱，他仍然不孝，就可以用法律来管制他。这种说法是有道理的，因为孩子已经到了这种地步，用法律来管束他，可能比你的慈爱、苦口婆心地说教、规劝更加有效，对这个孩子来讲可能是更加有益的。

可见，《颜氏家训》中这一非常重要的观念，和西汉以后所讲的“三纲”观念是有差异的。这也是《颜氏家训》给我们后人所留下的一种非常可贵的思想。

《颜氏家训》的《教子篇》讲的就是，如何处理父亲和孩子之间的关系。他在《后娶篇》当中，实际上是用特殊的例证来说明如何处理夫妻之间的关系。《颜氏家训》是反对后娶或者说是继娶的，如果太太死了，留下了一群孩子，怎么办呢？《颜氏家训》主张不要后娶，如果后娶的话，一定要谨慎，并且列举了大量的例证，来说明后娶之害。这些说法仍然值得我们回味、思考。

如何做到兄友弟恭

当今社会，随着独生子女的政策普遍推行，在好多孩子身上，我们传统的孝悌之道的悌，这种直接血缘关系的悌，可能已经不存在了。悌是解决兄弟之间伦理关系的一个范畴，现在的独生子女对悌这个观念就比较陌生，感觉离我们生活很久远。但是像我这一代人，乃至现在还有好多的人，其实兄弟姐妹还是比较多的，那么如何处理好兄弟姐妹之间的关系，《颜氏家训》给我们的一些教导还是很有意义的。

颜之推认为，兄弟一伦是家庭血缘伦理当中的三大伦理支柱之一。兄弟为什么重要呢？他说兄弟是分形连气之人，都是父母所生的，换言之，就是都继承了父母的遗传基因，古人认为兄弟都继承了父母身体的一部分。所以兄弟之间是息息相通、息息相关的，用今天的话说兄弟的遗传基因是高度一致的。

《颜氏家训》中指出，孩子一生下来围绕在爸爸妈妈的身边，妈妈可能左手牵着一个，右手抱着一个；或者是背着一个，抱着一个。兄弟之间从一开始，生活就紧紧联系在一起，吃饭的时候在一张饭桌上一起吃

△ 戏婴图　清·闵贞

饭，“食则同案”。穿衣服的时候，哥哥穿完的衣服弟弟穿，姐姐穿完的衣服妹妹穿，这就是所谓“衣则传服”。弟弟是穿着哥哥的衣服长大，妹妹是穿着姐姐的衣服长大，也是这样的一种关系。还有“学则连业”，在古代，书籍是非常珍贵的，所以在学习的时候都是哥哥用过的书本，弟弟接着用；姐姐用过的书本，妹妹接着用。

《颜氏家训》告诉我们处理兄弟关系的一套方法：每一个人都必须考虑到，之所以要尊重哥哥，爱护弟弟，是因为我们都是同一父母所生养。这本质上是在爱护父母所传下来的身体，是孝的观念在哥哥和弟弟身上的一种具体体现。要珍惜自己的哥哥或者弟弟，因为彼此之间有分形连气、息息相通这样的一种关系。那么你有了这样的观念，自然就会对哥哥有感情，对弟弟有感情。

哥哥和弟弟之间的感情好，自然是没有问题的，但颜之推也告诫世人，哥哥和弟弟的关系，毕竟不同于父子之间的关系，所以弟弟来侍奉哥哥，不能够像儿子侍奉父亲那样。那么哥哥对待弟弟的时候，即使他非常年轻，年龄可能和你的儿子差不多大，但是也不能像父亲对待儿子那样。所以兄弟之间与父子之间关系的处理上，要拉开距离，要有所区隔。

颜之推举了一个例子，南朝时期有一个大学者叫刘瓛，他弟弟叫刘琎，兄弟两家只有一墙之隔。哥哥有事就招呼他的弟弟，连喊弟弟数声，弟弟没有回应；过了好长时间，弟弟才回应哥哥。哥哥就问他，我叫了你这么长的时间，你为什么没有回应？他说，哥哥对不起，我的帽子没有戴好，我的衣服穿得不整齐。颜之推认为用这种态度对待自己的兄长，可以免于过错。

作为兄长也好，作为弟弟也好，都不要对兄弟有过多的期待和期望。可能你的哥哥有一官半职，可能你的弟弟小有积蓄，但如果你对他有过多的期待和期望，你认定他会作为兄弟来支持你，那往往会“望深则易怨”，意思是，如果你对他的期望值越高，他有时候满足不了你，那么你就会产生怨恨心理，这样反而会使兄弟之间的关系疏远。

所以，我们应该注意对自己兄长或者弟弟的期望值不要超越了他的承受能力。这是《颜氏家训》处理兄弟关系的原则之一。

妯娌：恕己而行，换子而抚

古代传统社会中，即使兄弟之间关系非常亲近和密切，但是一旦各自成了家，有了妻子和孩子之后，这种感情就会大大地减退，原有的那种感情就会淡薄，所以妯娌之间的关系一定要巧妙处理。

妯娌在《颜氏家训》中叫作娣姒，指嫂子和弟媳，一般说来，她们没有任何的血缘关系，但她们进入了具有共同血缘关系的家庭。这种非常疏远的关系来到这样的一个家庭中，就会产生各种各样的矛盾、摩擦和问题，那么我们如何处理好这种矛盾、摩擦和问题呢？

可能有人会说，妯娌之间有矛盾主要是因为她们没有血缘关系，那么如果一对妯娌是由两个亲姐妹所形成，这种关系就会变得好处理吗？答案是否定的。妯娌之间处于多争之地，是利益和矛盾最集中的地方。那么如何处理妯娌之间的关系呢？

《颜氏家训》这样说，宁可让姐妹两个各奔东西南北，也不要让姐妹嫁入一户人家。如果她们天各一方，当她们看到下霜了、下雪了，就会感念远处的妹妹或者姐姐；当她们看到月光、遥望那轮圆月，就会想起

◁ 捣练图　唐·张萱

自己远方的妹妹，或者想起自己远方的姐姐的好。如果亲姐妹俩嫁到同一个家庭，感情肯定会疏薄，反而还不如拉开一定的距离，让她们去相思更好。

颜之推说，妯娌之所以难以相处，原因就在于大家同样是处在这个大家庭中，这个大家庭需要一个人来当家，处理家庭事务，但是不管是谁出来当家，都会面临着自己小家庭的利益和这个大家族的利益之间的矛盾冲突或是交集的问题。那么妯娌之间应该如何平衡这种关系呢？颜之推提出了八个大字“恕己而行，换子而抚”。

“恕”就是宽恕的恕。在《论语》中可以找到对“恕”的解释。子贡是孔子的高足，是孔子语言科的高足，也是一位杰出的外交家和杰出的商人。如果说中国有儒商，中国的儒商之祖就是子贡。子贡有一次问老师，说“有一言可以终身行之者乎”，这句话的意思是，我们有没有这样一个词可以终身坚持它？孔子说，有这么一个字，这个字就是“恕”，上面一个“如”，底下一个“心”，组成宽恕的恕。孔子又进一步解释，恕就是“己所不欲，勿施于人”，即自己不愿做的事情，自己不愿发生的事情，也不要去强加于别人。

“恕”实际上就是，对待别人就像对待自己那样，应该用这样一种换位思考的方式，一种推己及人的心态来对待对方。

这句话放在妯娌之间，就是嫂子要站在弟媳妇的角度来考虑问题，弟媳要站在嫂子的角度来考虑问题，这就叫“恕己而行”。做事的时候要这样去做，要推己及人，想人所想，自己不愿意的事情，不要强加于人。

对待自己的子侄辈，应该如何处理呢？在古代传统的大家庭中，可能有一群侄子，颜之推提出要“换子而抚”。嫂子可以把弟弟的孩子当作自己的孩子；弟媳可以把自己的侄子当作自己的孩子加以抚养。用这样的心态来处理妯娌之间的关系，那么家庭关系的许多矛盾就可以化解于无形。

他认为一个家庭就像一座房屋，“一空则塞之，一隙则涂之”，房屋就不会崩塌。在一个大家庭中家庭矛盾随时都会发生，但是每一个家庭成员都应该注意，兄弟之间一旦出现了裂痕，就应该及时地加以补救，不要等到这个裂痕变成鸿沟，不可挽回的时候，才加以补救，这个时候你想补救也来不及了。

所以，在处理家庭伦理上也要注意，要看到问题的苗头，就及时地化解矛盾，化解冲突，这样才能处理好兄弟之间的关系，兄弟之间才能和睦，妯娌之间才能其乐融融，整个家庭才能变成孝友之家。

曾国藩在他的家书中曾经说过，他不寄希望于他的子孙后代成为仕宦之家，也不希望成为商贾之家，而是希望子孙后世守望耕读之家和孝友之家。就是说他不要求他们成为非常有钱的人，或者非常有权的人，他认为这些东西是可遇不可求的。但是真正能够传之久远的只有两种家庭：一种家庭是所谓的耕读之家，一边耕作，一边读书的人家，这样子孙可以自食其力，而且文化代代相承。孝友之家就是把家庭伦理关系处理得非常好的一种家庭，父子之间，兄弟之间，各种关系其乐融融。

孟子说“君子之泽，五世而斩”。放眼望去，古往今来，许多仕宦之家当世而斩。而商贾之家，一些大富豪的家庭即使克勤克俭，在中国传统社会也不过能守住三四代而已，就是我们常说的“富不过三代”。但是耕读之家，就能传个五六代。而孝友之家，甚至能传个七八代，所以孝友之家才能传之久远。

中国有一副传统的对联“诗书传家远，忠厚继世长”，其中诗书代表文化，这副对联的意思是，只有一个有文化的家庭，才能够长期地传承下去；只有一个忠厚的家庭，也就是我们所说的道德人家或者孝友之家，它的子子孙孙才能够长期地绳绳相继，传之久远。

第九章 婚姻

传统的婚姻观

夫妻关系是儒家伦理当中一项非常重要的关系，是五伦之一。孔子曾经问他儿子，“女为《周南》《召南》矣乎？”意思是，你读过《诗经》的《周南》和《召南》这两部分篇章吗？孔子说，如果不读这两部分篇章的话，就像“正墙面而立”，即相当于面对着墙而站立。我们可以想象面对墙站立是一种什么感觉。肯定会感觉到“眼无所见，走无所行”，一往前走就会碰壁，视野也打不开。其实，《周南》和《召南》这两部分诗篇，主要讲的是男女夫妇之爱，可见，在孔子那里，处理男女夫妇之间的关系之重要。

我曾拜访过山东大学的一位教授，这位老先生虽然已经过世，但是他的见解让我记忆犹新。这位老先生告诉我说，孔子是非常强调婚姻恋爱关系的，他会告诉自己的孩子说，如果你不会谈恋爱，不会协调夫妇之间的关系，那么你就寸步难行。

我们知道孔子不仅有儿子，还有个女儿，《论语》中记载“子谓公冶长，‘可妻也。虽在缧绁之中，非其罪也’。以其子妻之”，这是孔子对公

△ 簪花图　清·钱慧安

冶长的一段评价，意思是公冶长虽然现在被用大绳捆起来了，关在牢狱之中，但他并不是真的有罪，所以孔子就把自己的女儿嫁给了公冶长。“以其子妻之”中的“子”就是指孔子的女儿。

孔子还有一个学生叫南荣，有一天，南荣“三复《白圭》”，意思是三次来背诵《白圭》这首诗。这首诗传递的是人要慎言慎行的道理。后来孔子就把自己的侄女嫁给了这个学生。

从这些做法中都反映出了孔子的一种婚姻观。孔子在对婚姻关系的处理上，在选择女婿的问题上，更注重一个年轻人的品行或者德行和他的修为。

《颜氏家训》的婚姻思想，可以说是中国传统儒家婚姻思想的一种延伸。而中国传统的儒家思想特别强调夫妇关系。所以，在儒家看来，“有天地然后有万物，有万物然后有男女，有男女然后有夫妇，有夫妇然后有父子，有父子然后有君臣，有君臣然后有上下，有上下然后礼仪有所措”。这是什么意思呢？意思是，自然界中有了天和地，万物在天地之中就产生，有了万物男人和女人就出现了，有了男人和女人，然后就有了丈夫和妻子，人与人之间有了男女的结合，才可以繁衍后代。所以儒家认为，一个君子要修为君子之道，应该从学会处理调节夫妇之间的关系开始。所谓“君子之道，造端乎夫妇”，君子之道就要从夫妇之道开始，这是儒家一个非常重要的思想。

东汉时期，有一位著名的学者匡衡，“凿壁借光”的主人公就是他。匡衡曾说过，“匹配之际，生民之始，万福之源”。这句话的意思是，夫妇之道是人的非常重要的一种伦理关系，是我们一切幸福的源泉。如果你把夫妇之间的关系处理好了，那么其他的人际关系处理起来就比较容易了。

如果你把夫妻关系处理好了，那么你和父母的关系、和兄弟姐妹之间的关系、和周围的亲戚以及和朋友之间的关系，处理起来都会比较容易。反过来，如果夫妻关系不睦，处理得不好，在处理其他关系的时候，可能常常会受到阻碍，甚至其他关系会无从处理。

所以儒家非常强调夫妇这一伦的重要性。

在古代人们要结为夫妇，结成婚姻，和我们现在也是不一样的。古人在结婚的时候，并不像今天以感情为基础，他们在结婚的时候，更多考虑的是家族与家族之间的利益。所以士大夫之间的联姻，更多考虑的是政治的结盟，或者经济的联姻，等等。

古人婚姻讲究“父母之命，媒妁之言”，采取这种方式让一对不知人间生活酸甜苦辣的、情窦初开的青年男女走到一起，在古代由于男女青年定亲、结婚的年龄普遍偏低，不少人十几岁就结婚了，采用这样的联姻方式虽然有它的道理，但是确实存在很多的弊端。

从我们今天的角度来讲，古代人的婚姻有很多的问题，但是古代的婚姻往往要比我们现在的婚姻牢固。这是因为古代的婚姻不是男女两个个体之间的问题，而是涉及两个家庭、两个家族之间的关系问题。所以这样的婚姻，就有了更多一层的保障，婚姻的基础相对来说就更加牢固。

当然，中国古代的历史上也不乏非常和睦、幸福的婚姻。汉代时期就有一对非常和睦的夫妻，梁鸿和孟光。我们现在所说的“举案齐眉”“相敬如宾”这两个成语就出自这一对夫妇。梁鸿是一位非常贫穷的读书人，但是他的德行很好。孟光是一户有钱人家的女儿，但她愿意嫁给这个贫穷的书生，而且她对这个贫穷的书生还非常礼遇，愿意和他同甘苦，共患难，所以受到当时人们的尊重和后世千古赞颂。

婚姻素配

《颜氏家训》坚决反对传统的买卖婚姻。

颜之推在《颜氏家训》中提出的婚姻观，主要受他的九世祖，也就是复圣公颜子的二十七代孙颜含的影响。颜含是颜家随晋元帝渡江，由今天的山东临沂迁到南京的第一代人，他因军功最后被封为西平靖侯，授光禄大夫，所以他当时的社会身份是比较高的，而且他也是一个非常有品行、有见解的人。

颜含在《晋书》《孝友传》有传，由于他对他的哥哥和嫂嫂的用心服侍，以悌道实践在当时名满天下。颜含的哥哥因为药物中毒几十年瘫痪在床，他就一直照顾哥哥，后来他的一位嫂嫂双目失明，他又一直照顾嫂嫂，还想尽一切办法，让嫂嫂的眼睛复明。他在出仕之前就非常有名。颜含虽然做到很大的官，但是有一条，他非常相信个人的道德品行对人的影响，他从不相信占卜算卦那一套。

晋朝有一个非常有名的占卜师，叫郭璞，很多人都想让他给算上一卦，颜含说了两句非常富有哲理的话。他说，对于一个读书人来说，“年在天，位在人，修己而天不与者，命也；守道而人不者，性也。自有性命，无劳蓍龟”。“修己而天不与者，命也”，我们的富贵利达，寿夭穷通，活的生命是长一点，还是短一点，这一辈子是能够飞黄腾达，还是命运多舛，这些是由命所决定的，不是我们自己可以掌握的。但是我们自己所能够掌握的，就是不断地提高自己的道德修为，不断地提高自己的学问涵养，不断地提高个人的能力和素质。

“守道而人不知者，性也”，我们固守住自己做人的原则、节操、品行，但是可能没有人了解你，或者没有一个达官显贵赏识你和了解你，你不能飞黄腾达，这是本性。我们要明白，我们之所以要守道就是因为本性原该如此，守道并不是为了求得更多的工资，也不是为了求得别人的赏识。

坚守住做人的原则，并不是为了追求飞黄腾达，或者富贵利达，而是我做人的本分，这是人的本性，如果不这样做的话，人就不称其为人了。

所以他说“自有性命，无劳蓍龟”，一切都是按照我的本性而行，做一个真正的君子，至于贫富穷通，要看外在的历史机遇，所以他说，他不需要别人给他占卜什么。颜含从不去问占卜师自己能活到多大年纪，结果他活了 93 岁。

颜含告诫子孙：“汝家书生门户，世无富贵。”我们这个家庭历代都是读书人，世世代代都没有一个大富大贵的人。所以从今以后，我给你们立下一个规矩，“自今仕宦不可过二千石，婚姻勿贪势家”，意思就是后代如果做官的话，不要超过二千石，大概做到省部级，在当时是郡守的级别，就足够了，不要再往上追求，不要再想着继续飞黄腾达。与别人家结为姻亲的时候，不要贪图对方的家庭是一个势力非常大的家族。

所以，东晋时期，有一个权倾朝野的人物，叫作桓温。这个人在历史上非常有名，他知道颜家是有学问、有修养、有文化传承的家庭，于是想和颜含做亲家，结果被颜含拒绝。所以这就是颜家的婚姻观。

因此，颜之推再三强调他的九世祖靖侯所定下的规矩“婚姻勿贪势家”。这条规矩在他看来是至理名言，他也把这一规则作为《颜氏家训》婚姻观的一条最基本的原则。

在这样的背景下，《颜氏家训》坚决反对买卖婚姻的做法。比如，某些人嫁女儿是为了向男方家索取更多的彩礼，因为自己家娶儿媳妇花了一些钱，就要通过嫁女儿的时候用对方的彩礼来弥补。或者一定要比量自己的祖辈或者父辈哪一位娶妻的时候娘家带来嫁妆多少。颜之推说，如果这样的话就和市井无异了，那就把婚姻完全看成了一桩买卖。

买卖婚姻的结果只能是“猥婿在堂”，就是性格唯唯诺诺的女婿进入了你的家庭，挺不起腰杆；或者是“傲妇擅室”，就是刁蛮无礼的儿媳妇进入了你的家庭。如果一个贫寒的或者一般的家庭，娶了一个仕宦大家的小姐作为家里的儿媳妇，倘若她刁蛮任性，家里人就会无可奈何，苦不堪言。所以，颜之推说，这种做法就是贪荣求利，反受其辱。

《颜氏家训》认为婚姻关系不仅仅是男女青年之间的问题，不仅仅是夫妇之间的关系问题，还有一个更深层次的问题，就是公婆与儿媳的关系。《颜氏家训》特别反感蛇蝎心肠的公婆，这种公婆对待儿媳妇非常刻薄，如果认为儿媳妇陪送的嫁妆少，就会对儿媳妇口出恶言，甚至骂儿媳的父母。颜之推说，为什么这种人只知道爱惜自己的子女，而不知道去爱护自己的儿媳妇呢？并且自己的儿媳妇恰恰是别人的子女，为什么就不能更加疼惜呢？

颜之推认为，这样的公婆早晚会“阴纪其过”，意思是他们所造下的这些孽会损伤他们的福报，甚至是“鬼夺其算”，即他们所有的阴谋算计，冥冥之中都会让他们彻底失败。所以这种虐待儿媳妇的公婆，连邻居都不可以跟他们做，更何况与他们结为姻亲呢？

我认为这是《颜氏家训》关于夫妻关系的一种非常重要的观念。《颜氏家训》如此旗帜鲜明地提出要善待儿媳，反对公婆对儿媳妇的压迫，在中国传统社会中应当是比较难能可贵的。

重男轻女的根源

在传统社会当中，结为夫妇当然就要繁育后代，那么繁育后代的过程中就有可能生男孩，也有可能生女孩。但是，在中国传统社会中，有钱的人要嫁女儿就得有一大批的陪嫁，如果陪嫁过多就会加重家庭的负担。汉代有一个学者曾经这样说过，“盗贼不过五女之门”。意思是，如果这家有五个女儿，盗贼都不会到这样的门户进行偷窃。这是因为他们家有五个女儿，嫁一个女儿就要一些陪嫁，再嫁一个女儿又要一些陪嫁，这样一来二去把家里就折腾穷了，已经没有值得偷盗的东西了。

在这样的社会背景下，就形成了一种极其恶劣的社会陋习，一些人生了女孩之后就会抛弃，甚至出现溺死女婴的现象。

《颜氏家训》列举了这样的一个例子：他的一个远房的亲戚，家里妻妾成群，在妻妾临产的时候，他就让他家里的仆人在门外头听着，如果接生婆说是个女孩，这位仆人就马上把这个女孩抱走，这个孩子到底是被送人还是扔掉，就不得而知了，《颜氏家训》也没有做明确的记载。像这样的人，完全不理会刚刚生产完毕的孩子的母亲的号哭，就把女婴

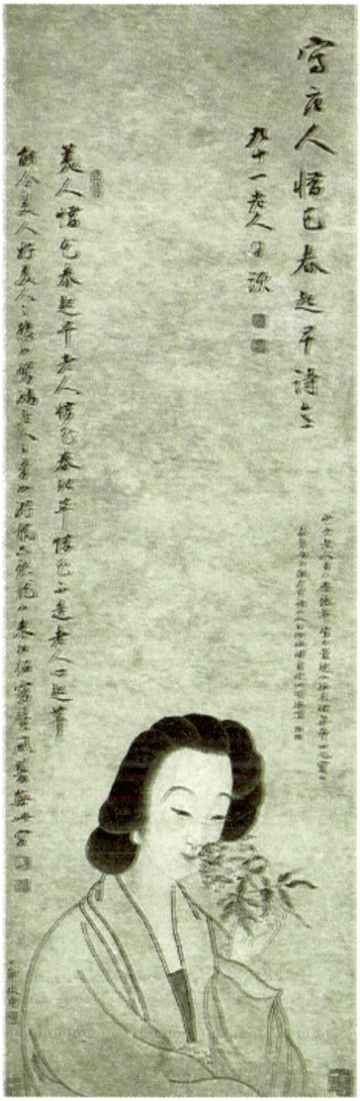

△ 惜花图　清 · 改琦

给抱走，而且这种极其恶劣的社会陋习在达官显贵中并不鲜见。

颜之推说“天生烝民，先人传体”，老天爷降生芸芸众生，本来就有男有女，我们的身体都来自父母，父母的身体是来自更上辈，我们的身体是前人给传下来的，无论是男是女都应加以珍惜。颜之推是相信善恶因果报应的人，所以他说，这些人如此对待女婴一定会受到天谴，老天爷会夺去他的福报。

颜之推的这些思想虽然是产生于南北朝时期，但对我们今天仍然具有启发借鉴的意义。今天我们男女比例已经失调到了一个非常严重的地步，这就是由于现在都市人口中生育的一胎化，导致很多人就借助于现在高科技的手段去做B超，事先查出肚子里的是男孩还是女孩，如果是女孩的话，就把这个孩子打掉，是男孩的话，就把他生出来。

现在的这种现象和颜之推所批判的现象其实是别无二致的，只不过我们现在借助于高科技手段罢了。因为古人没有这种高科技的手段，只有生出来才能这样做。现代人借助于高科技来实行古代那种非常残忍的做法，按照颜之推的话说，这样的行为在冥冥之中，一定会受到报应。

中国传统社会有很多男女不平等的现象，这种现象在中国已经存在了几千年，所以颜之推批判溺死女婴的思想是弥足珍贵的。

在近代有一个很杰出的思想家谭嗣同，他对待这种现象的看法与颜之推的思想遥相呼应。他认为：像这样的行为是一种禽兽之行，是豺狼都不做的一种事情。我认为这样的观念或者思想，也许对我们今天依然有着启发和借鉴意义。

夫妇之道是儒家文化的重要内容。颜之推就提出夫妇之道在家庭伦理中占有中心位置，并且应将其放在整个的家庭伦理中去处理，所以夫妇之间的关系，不仅仅是一男一女之间的关系，而且是整个家庭伦理或者家庭关系的主轴。只有处理好了夫妻之间的关系，才能够处理好整个家庭乃至家族之间的其他关系。如果处理不好这一重要关系，必然会出现一系列的问题。

重男轻女的人必须知道，如果人世间完全变成男人的世界，没有女人了，夫妇就不存在了；如果人世间全都是女人，没有男人了，夫妇关系也不存在了。所以在颜之推看来，无论是生男生女，都是先人的遗体，都是上天的造化，因此都应该加以珍惜。

第十章

处世态度

『冷肠热腹』不可取

《颜氏家训》在处世态度或者是对待世界的态度上，有两句名言，“腹不可热”“肠不可冷”。其中，腹指我们的肚子，我们常讲满腔热情，热血青年，所谓热血青年就是带有激情，带有某种意义上的冲动的青年人；而颜之推说我们要冷静，可以满腔热情，但不要热过了头，不要动辄冲动，这就是“腹不可热”。至于“肠不可冷”，肠就是肠胃的肠，我们的肠子不可以冷，也就是说心肠不可以太硬，不要像闭起眼睛不问世事一味诵经的老和尚，对周围的事情一概不管不问。这就是他说的“腹不可热，肠不可冷”。

应该用什么样的态度处世呢？颜之推说，“当以仁义为节文尔”，其中仁义也就是中国儒家文化传统中所讲的仁和义，这是我们处世的标准、原则、节度。按《孟子》一书中的说法那就是“由仁义行，非行仁义”。所谓“由仁义行”就是我们的一切行为，都要按照仁义的原则和标准去做，让我们的一言一行都合乎道德伦理的要求。用老百姓的话说，就是不做亏心事，这是《颜氏家训》处世的一个基本原则。

《颜氏家训》认为，中国历史上有两个非常有影响的学派，一个是墨家，墨翟这一派，主张兼爱；另一个是杨朱这一派，主张为我。兼爱所代表的就是满腔热情，像一个热血青年；为我的表现就是一个两耳不闻窗外事，闭起眼睛诵经的老和尚，心肠太硬。

在孟子看来，墨家学派和杨朱学派是战国时期非常有影响的两个学派，他说“杨朱、墨翟之言盈天下，天下之言，不归杨则归墨。杨氏为我，是无君也；墨氏兼爱，是无父也。”意思就是当时杨朱和墨翟这两家的言论充满天下，这两派势力非常大，所以天下的人，其思想不是受墨家的影响，就是受道家杨朱学派的影响。

墨家这个学派讲兼爱，兼爱是指没有任何分别的一种爱，比如爱别人的父亲，就像爱自己的父亲；爱别人的儿子，就像爱自己的儿子；爱别人的家庭，就像爱自己的家庭；爱别人的国家，就像爱自己的国家，一句话，不分彼此，不分你我，爱人若己，这是墨家学派的核心思想。

我们可以将墨家的思想概括为“无我”。墨家的最可贵之处，是他们利他主义的实践精神，“墨子兼爱，摩顶放踵利天下为之”，意思是墨子殚精竭虑，头上的毛发都掉光了，艰苦跋涉，脚上都起了泡，但只要是对天下有利的事情，他都心甘情愿地去做。

杨朱这一派是冷肠。颜之推认为杨朱这一派讲究的是“为我”“贵己”，与墨家的“无我”恰恰相反。杨朱讲求“贵己”“重生”。主张“拔一毛而利天下，不为也”，就算拔下我的一根汗毛，对天下人会有好处，我也不干。因为杨朱是个极端的个人主义者，他认为我这一毛也是我身体的一部分，你给我拔掉了这一毛，我的身体就不完整了，所以他讲的是“重生”“贵己”。

所以，在《颜氏家训》看来，墨家就是属于“热腹”，就是满腔热血有点过了头；杨朱这一派就是属于“冷肠”，心肠比较冷的这么一派。这两派其实都和儒家的思想和行为拉开了距离，一派是“过”，一派是“不及”，过犹不及，都不合乎中庸之道，都不是颜之推所推崇的理想的处世态度。

理想的处世态度是什么呢？我们回归儒家思想，一个人一切的行为言谈，皆以仁义为节制，都要受仁义道德的规范的约束。那么仁义道德规范的约束，就是当热的时候则热，当冷的时候则冷。

这就是儒家或者孔子所倡导的“时中”观念。时中就是我们要时时处处注意，让我们所做的事情，让我们的行为举止、言谈说话，都合乎仁义道德标准的要求。这就是以仁义为标准来决定我的行为。

所以，《颜氏家训》是儒家文化当中的一个非常重要的组成部分，或者说，它是儒家文化传统的一种延伸和拓展。

机会是留给有准备的人的

如何把《颜氏家训》中提倡的时中这种处世态度运用到从政上，放在今天，就是如何指导我们去做一个公务员或者一个行政干部。

《颜氏家训》强调，一个君子要是出来做官，必须是“守道崇德，蓄价待时”。

“守道崇德”意思是要坚守自己的道德操守，积蓄自己的道德力量。我们现在有不少的官员，由于守不住自己的道德操守，所以做了许多违法乱纪的事情，最后把自己弄到监狱，就算不判死刑，也判个无期，在监狱之中了此残生，这是非常残酷的。所以一个君子要想出来做官，首先应该守道，要崇尚高尚的道德操守。

行政人员或者说社会的管理阶层是百姓黎庶众望所归，你的所有行为、言论都是你的下属乃至于民众的一种行为示范，或者一种行为标杆。因此你的行为在民众当中，起到的是很重要的风向标的作用。在儒家看来，居于上位的管理者做得不对，老百姓就会笑话你，所以孔子讲“其身正，不令而行，其身不正，虽令不从”。

作为一个领导人守道崇德，行为非常规范和端正，清正廉洁，爱护百姓，即便不号召，老百姓也会向他学习，只要是你发出的一些文件，或者颁布什么告示，老百姓都会去响应；但是，如果自身说一套做一套，台面上讲的和私下里做的完全不是一回事，甚至台面讲得冠冕堂皇，光明正大，台下做着阴暗见不得人的勾当，那么这样的话，老百姓不仅不会听从命令，还会鄙视、唾弃，甚至在背后咒骂这种官员。夏朝的亡国之君夏桀就是这样的人物。所以，在当时就有句话，"时日曷丧，予及汝偕亡"，老百姓甚至都愿意和这个暴君一同毁灭，可见他的统治已经进行不下去了，所以统治就会发生危机，管理就会发生不善，就会出现混乱，出现错位，一个朝代是这样，任何一个社会也莫不是如此。

"蓄价待时"这个说法来源于孔子。孔子认为他自己就是在待价而沽，意思就是作为一个知识分子，一个文化人，学了一身的本领，有一身治国管理的才能，目的就是要把这些才能用来实践。但是你的才能能否得到发挥，还要看是否会有历史机遇。

当历史给予你这种机遇的时候，这叫作"遇"，是你的命；当历史没给你这种机遇的时候，这叫作"不遇"，在颜之推看来这也是一种命。无论历史是否会给我施展才能的机会，政治才华或者管理才能是一定要具备的。只有具备这种才能，才有可能有施展的机会。假如没有这种才能，那根本就谈不上才能的施展和实践。我们具体生活中所谓"寿夭穷通"，不完全取决于我，它还取决于一种非常宏大的外在的客观历史条件。

《颜氏家训》对我们的一种教导是：很多的机遇还是要靠我们自己去把握，只要是符合我们的价值判断，我们就要努力地去实现它，实现个人价值的最大化，即使不为世用。

《颜氏家训》特别反对的一种做法是"躁竞得官"。意思是盲目地到处去奔走要官，最终靠这种方式去得到一个官职，也是不光彩的。躁是和静相对应的，所以这些人不能够让自己的心安静下来，不能够让自己的行为安静下来，而是通过各种关系，通过各种不同的手段来谋取官职。其实这种走后门要官绝非现代才有的现象，古已有之，好多人不惜用一切手段来达成这样的目的。颜之推举了大量的例子来说明这个现象。

《颜氏家训》告诉后世子孙：官职得与不得是命，富贵穷达是命，所以一些东西并不是你到处奔走就能得来的，也不是你想要就能要来的。有时候你不去奔走也照样得官，有时候你奔走得非常频繁，也不一定能够得官，反而要遭受到种种羞辱，或者一种耻辱。所谓“蓄价待时”就是努力提高道德水平和治国理政的才能，等待历史机遇的到来。

这是颜之推在告诫士即知识分子出处进退之道，或者作为一个管理者时，所应处的一种态度。

当然，用现代的观念来看，做一个管理者，或者做一个公务员，应首先是我们一种谋生的手段，将它视为一种职业。就像教师教书、文艺工作者做文艺演出、农民种田、工人做工、司机开车、驾驶员驾飞机等一样，做官或者做公务员也是一种谋生的手段和谋生的职业。既然它是一项职业，是一种谋生的手段，那么对于这项谋生的职业就存在最低的要求，这个要求包含着一系列的道德操守或者为官之德。只有把这个谋生的手段护住了，才谈得上实现个人价值、实现个人的政治理想和政治抱负，如果连这样的一个职业都保不住，实现个人的政治才能和政治理想也就无从谈起。我认为这也是《颜氏家训》给我们现代管理者的一种启示或者启迪。

颜之推认为靠钻营得来的官职，如同“盗食致饱，盗衣取温”一样，是一种无耻的行为。所有用各种不正当手段获取的东西，也都会被人用非正常的手段从你手里剥夺。

这些道理实际上在我国传统的经典《大学》中，已经说得非常明白，

“言悖而出者，亦悖而入；货悖而入者，亦悖而出”，这句话的意思是，如果你对别人说的话不合乎情理，或者你跟别人说话的时候不讲理，那么别人同样会以不讲理的方式来回敬你；如果你的钱财或者珍视的东西，是通过非正当的手段获取的，而不是劳动所得，那么这些东西早晚也会被用强制的手段所剥夺，同样会失去它。

守仁

天下之事，“以利得之，必以利失之”，那么用什么来守住我们所得到的那些东西呢？守住什么才是一种真正可靠的坚守呢？

《颜氏家训》和孔子给了我们一个非常重要的启示，即“知及之，仁不能守之，虽得之，必失之”。这就是知及仁守，意思是施展我们的智慧、我们的才能，去获取应该得到的社会地位，获取应该得到的一份劳动的报酬，获取应该得到的社会对我们的评价，这些是通过我们的智慧付出得到的。但同时也一定要用高尚的德行来守住它，如果没有高尚的德行，你所得到的一切，从儒家的观点看来，早晚都会化为乌有，无论是贵为王侯还是庶民百姓。

秦始皇以其雄才大略，扫平六国，但为什么会二世而亡呢？秦始皇非常有智慧，但秦始皇的问题在于，他“仁义不施而不知攻守之势异也”，即他对天下的人民不广布仁德，广施仁义，他不肯对老百姓实行仁惠，他及其子孙没有一个高尚的道德操守来坚守，于是秦王朝就落得个二世而亡的下场。

△ 蹴鞠图　清・黄慎

秦始皇都如此，更何况我们这样的小老百姓，所以，更要用自己高尚的道德操守来守住所拥有的一切，否则虽得之，必失之。当官更是如此，如果一个人的官职是通过花钱买来的，没有任何一个人会做亏本的买卖，这个人就会想着要用这个官职得到更多的钱，来填补他买官的花费，那么如果这样做了，总有一天会出现问题，一旦出了问题，那就是以利得之又以利失之了。

这样的典型案例，在中国历史上比比皆是。在《颜氏家训》中颜之推列举了很多类似的例子，我们就不做赘述了。颜之推强调一种为人处世观念，就是“为善则预，为恶则去”。他的处世态度应该是只要别人做善事，别人做好事，那就要积极地帮助、成全别人的好事；而看到别人去作恶，绝对不能参与，而且要远离做恶事的人。

所以，《颜氏家训》中坚决反对结党营私、结党为恶，尤其是结党营私去做不利于社会的事情。他认为如果去做这样的事情，总有一天会出现问题。他强调只要是损害别人的事情，我们一概不能做，同时他也告诫后世子孙千万别做有损于别人的事情。

墨家讲的“兼爱”是自我牺牲精神的利他主义者，而杨朱学派讲的“为我”是利己主义者，儒家则是追求利己利人。

社会上，不同的人持有不同的人生态度，例如利己利人、利己不利人、损己又损人等等。《颜氏家训》告诉我们，既对自己不利又对别人不利的这类事情，绝对不能做；对自己有利，但对别人有损伤的事情，也绝不能做。我们要做的就是对自己有利，对他人也有利的事情，并且这样的事情要努力去做。当然对自己有利对别人无害的事情，我们也可以做。

这是《颜氏家训》留给我们的一种人生智慧，一种处世的态度。颜之推强调有些事情我们要做的时候可能要付出很大的牺牲，但是只要它合乎道义，我们付出再大的牺牲也要去做。比如“穷鸟入怀，仁人所悯”，一只走投无路的小鸟，或者一只受伤的小鸟，如果飞到一个善良人的怀里，作为一个道德感非常强烈的人，就一定会对这只小鸟非常疼惜和爱惜。如果是天下的道德高尚之士，为了民族的利益不怕流血牺牲敢言之士，他穷途末路投奔我们，我们应该怎么办呢？颜之推认为，“况死士归我，当弃之乎？”当然不能弃之，而是应该收留他，就是豁出全家的身家性命，也要收留他。这就是因为，做这样的事情合乎儒家的仁义道德。

东汉末年，阉党专权，朝政混乱。有一个敢言之士叫张俭，他揭露了一个宦官的一些不良之行，于是受到当时一些政治人士的迫害，天下都在通缉他。但是他和孔融的哥哥孔褒是朋友，孔融是孔子的二十世孙，张俭被官府通缉到走投无路，投奔到了孔融的家里，恰好孔融的哥哥孔褒出去了，孔融在家。张俭一看自己的朋友不在家，心想不能连累自己朋友的家人，于是他马上就要走，这时候孔融好言留下了张俭。后来被朝廷发现了，窝藏朝廷罪犯是要杀头的，于是孔褒和孔融，两个人争着要去死，孔融说跟我哥哥无关，因为这个朝廷要犯是我留下的，所以说我哥哥应该活命，要杀就杀我吧；他哥哥说，张俭是我的老朋友，跟我弟弟无关，你们不能杀我的弟弟，因为他是投奔我来的，你们杀我吧。最后两个人都争着去死，不知道杀谁是好，于是请兄弟二人的母亲决定。母亲说：儿子犯法，是我这母亲没有教育好，要杀就杀我吧。一门争死，何等壮烈。当然最后朝廷决定杀了哥哥孔褒。

颜之推在《颜氏家训》中对这件事情给予了高度的褒扬，他认为这样的事情虽然是护罪，但是我们也应该做。近代维新志士谭嗣同，他有一篇《狱中题壁》里写的“望门投宿思张俭”中的张俭就是上面讲的这个人物。所谓“望门投宿思张俭”就是从这个典故里来的。

颜之推认为这样的事情是合乎道义的，所以我们可以做，但是如果是“游侠任纵之徒”，就绝对不能做那样的事情包庇他们了。因为游侠任纵之徒是为了个人的义气，为了报个人的私仇，不顾自己的身家性命，然后去做刺客，做游侠的，这样的人我们绝对不能收留。

◁ 初平牧羊图　宋

为社会的公益，为人间的正道而做出牺牲的人，颜家要给予大力的保护，但为私人的恩怨，而不顾身家性命之人，就是游侠任纵之徒，就不值得庇护了。

那么人生真正的快乐在哪里？是我们的财富越多越快乐？还是我们的官衔越高就越快乐？从颜家的文化传统中我们可以看出，颜之推并不是这样认为的。因为颜家从一世祖，也就是孔子最得意的学生复圣公颜回开始，对于人生快乐的体会就和我们今天许多人的体会并不一样。孔子曾经这样来评价颜子，说他是“一箪食，一瓢饮，在陋巷，人不堪其忧，回也不改其乐，贤哉，回也！”意思是，颜子这个人，用一竹筒吃饭，用瓢喝生水，居住在简陋的巷道里头，一般的人都承受不了这种生活的忧苦，但是颜子依然自得其乐，在精神上依然充满着快乐，所以颜子这个人真是个大贤人。

这种境界就是儒家所倡导的，所谓的“富而好礼，贫而乐”，如果你拥有非常多的财富，你很有钱，在儒家传统看来，你的行为做事，一定要合乎礼仪规范。礼仪对人是一种提升，如果你做事合乎行为规范，就会显得很优雅，所以你一定要合乎礼仪规范，要知道礼让；如果我们的物质生活非常贫乏，这里所说的贫乏并不是说一无所有，生活不下去，而是说我们的生活和富人相较还有相当的距离，但是这样的生活马马虎虎也说得过去。颜之推认为，在这样的生活状态中，我们就应该保持一个快乐的心情，拥有精神上的快乐。如果你物质上已经贫穷了，再终日愁眉苦脸、不开心，那你就是物质和精神的双重贫穷。

所以，颜之推强调我们要贫而乐。我们可以在求道中寻求生活的乐趣，在知识的探索中追求生活的乐趣，在自己的德行和才能的张扬中来获取生活的乐趣。

第十一章 处世方法

一技之长保平安

“生于乱世，长于戎马”的颜之推，颠沛流离，有着深刻的忧患意识。那么他如何教育自己的孩子在艰难困苦的环境中生存呢？这是《颜氏家训》中所思考的一个非常严肃的问题。

他说：“父兄不可常依，乡国不可常保，一旦流离，无人庇荫，当自求诸身耳。”意思是国家随时都有可能被其他的国家所攻破，朝代更迭个人无法左右，一旦出现战乱，难免过着颠沛流离的生活。在战乱中父母、兄弟、妻子离散是常有的事情，如果你的衣食以及一切都依赖于父母和兄长，当父母不在身边了，甚至死于战火了那应该怎么办？一个人一定要学会自我生存，求助于自身，而不是依附于别人而求生存。

《颜氏家训》给我们现代人一个很深刻的启示，作为父母与其给孩子留下财富，不如给孩子留下德行才艺和求生的方法，要为孩子的未来着想。父母不可能永远陪伴着孩子，当有一天父母离开之后孩子应该如何生存，这是父母应该考虑的。所以与其给孩子留下财富千万贯，不如为他培养一门薄技在身上。

△ 老子图　宋・法常

前段时间在电视节目中看到：有这么一个老板，他原来是个百万富翁，到后来经商做买卖，赔得一塌糊涂，身无分文，回到了自己的家里，又回到了自己那个小县城，垂头丧气地面对着自己年迈的母亲。母亲告诉他："你原来不是笛子吹得很好吗？这也可以谋生，你为什么不能吹笛子呢？"于是这个老板放下身段，到一些酒店去吹笛子，用这种方式谋生，重新出发。

《颜氏家训》说：积财千万，还不如掌握一门求生的技术。

作为孩子也应该思考，如果没有家庭作为支撑，应该如何生存下去？现在我国处于相对富裕的一个时代，许多家庭中孩子不多，于是就出现了一个现象，叫作"啃老族"。如果有一天家底消耗完了，将来何以为继？所以《颜氏家训》强调，一个人首先要自强起来，一切向内求，而不向外求。

《颜氏家训》中有一句名言"人生在世，会当有业"。一个人活在世界上，一定要有一项专长，有一个自己的职业，才能在社会上求生存。《颜氏家训》讲的是实实在在的话，并没有那么多空泛的高调，所以，有人评价《颜氏家训》“篇篇药石，言言龟鉴”，说的都是一些非常切实可行的人间平常的道理。

“人生在世，会当有业”，即一个农民在世界上生存，种地就是他的职业，他每一年要计算，我种了多少亩地，我这些地要收割多少粮食，才能够我一家人所需，我所产出的粮食，够不够一年所用；一个工人或者手工业者每一天都要不断地去研究、思考他手上的技艺，提高自己的技能，从而谋生存谋发展；一个商人，每一天都要考虑他的货物，进了多少货，卖出去多少钱，利润是多少，他现在还能够赚回多少钱；一个士兵，每一天都要练习弓马，以便日后驰骋疆场，报国杀敌。而作为一个读书人，每一天都要讲论文章。

颜之推指出：南朝承平已久，许多士大夫完全是靠祖上的一点荫封求得一官半衔，饱醉终日，无所事事，就这样消耗掉自己的生命。他们既不求学问，也耻涉农商，甚至于北方迁到江南去的这些士族大家，已经离开了八九代，但是不置产业，一直以侨民的身份居住在江南地区，对什么时候下种，什么时候收割，一无所知，甚至不知道如何去耕耘土地，如何给土地施肥，如何去除草，如何去收割，如何对这些粮食进行扬扬入仓。这些一概都不懂，完全是靠官俸和官禄来讨生活，一旦改朝换代，这些人就呼天哀地，就是因为没有一种基本的生存本领。

颜之推列举了非常荒唐的一个例子。当时，士大夫不提倡骑马，比如宣城王非常喜欢周弘正，就送了他一匹果下马，一种非常矮的马，周在城中骑着马，满朝官员都耻笑他。那当时的士大夫贵族坐什么呢？都坐车子，常年坐着车子，然后把衣服熏得香香的，把面部修得光光的，出入若神仙。但是战争一来马的作用就显现出来了。一旦打起仗来，会有大量的骑兵，而且骑兵比步兵的作战能力要高明，战斗力强。但是建康令王复从来就没有见过马，当时他看到马抬头一叫，腿一踢，他说：

“这明明是虎，怎能叫马呢？”

由此可以看出，当时的士大夫已经基本丧失了在战争年代的求生本领，所以就成了任人宰割的牛羊，下场多半非常悲惨。所以颜之推形容这些士大夫就是，“目不见睫”，只能见到远处，而看不到自己的睫毛，一心想着如何升官，如何发大财，但是对眼前的祸患从来没有考虑过，完全没有想到祸患已经迫在眉睫。

所以，一个人教育自己的子孙后代一定要让孩子了解，有一技之长才能在社会上生存下去或者说才能有尊严地生存下去，《颜氏家训》认为，在所有的一技之长中最好的一技当然是读书。读书是最可贵的一技之长，一个人如果通过读书学习，获得知识，获得本领，那就上可以报效国家，下可以安身立命，不至于冻馁而死，也不至于沦为奴仆。

多为少善，不如执一

《颜氏家训》教导我们，在求得谋生本领的时候，应该是“多为少善，不如执一”，意思是，如果你掌握的技艺太多，但是精通的太少，还不如精通一行，以这一项专长在社会上谋生。这就是我们经常说的，“样样通不如一样精”。往往一个人什么都懂，反而会造成什么都不懂的一种局面。

颜之推举例说，“能走者夺其翼，善飞者减其指，有角者无上齿，丰后者无前足，盖天道不使物有兼焉也”。意思是，那些善于在草原上、山地里奔跑的动物，它们就没有翅膀，如果狮子既会飞，跑得也快，那么天下，还有别的动物生存的机会吗？所以对于善跑者，造化常常是要夺去它的翅膀。那么善于飞翔的这些猛禽，往往造化会“减其指”，一般动物爪子都是五个吧，但善于飞翔的这些猛禽，它们的爪子就会少一个，是四个。鸟类相对于人类和一些陆地动物来讲，多了一双翅膀，但它们却比人类少了一双手，对一般的动物来讲，它们也少了两个前蹄。所以这叫作善飞者减其指。而那些头上长着角的很凶猛的动物，往往没有上齿。而后腿非常了得的这些动物，通常它的前腿就不是十分发达。所以这就是天道，是大自然的造化，不能让一种动物样样技能都具备，否则就没有别的动物生存的可能了。

所以颜之推说，人生在世，要从大自然的造化中领悟人生的道理。他举例说："近世有两人，朗悟士也，性多营综，略无成名，经不足以待问，史不足以讨论，文章无可传于集录，书迹未堪以留爱玩，卜筮射六得三，医药治十差五，音乐在数十人下，弓矢在千百人中，天文、画绘、棋博、鲜卑语、胡书、煎胡桃油、炼锡为银，如此之类，略得梗概，皆不通熟。"

这个故事是，他当时见到两个非常聪明的人士，悟性非常高，聪明绝顶，他们涉猎广泛，什么都懂，但是什么也不算精通。他们虽然通晓各部经书，但是如果你要向他们讨教经书当中稍微有点难度的问题，他们就答不上来了；他们也对历史知识略知一二，但是你要跟他们讨论历史事件背后的原因，让他们分析一个历史人物的得失利弊，那么他们又无言以对了；他们的音乐技艺在数十人之下，数几十个人都数不着他们；他们的射箭本领在千百人之中，会射箭的人数上千百个人，还数不着他们；他们也会占卜，占卜六次能准三次就差不多了；他们也会医术，还会给人治病，但是治十个病人，能治好五个，就不错了；当时由于北方是在鲜卑人的统治之下，所以他们又会鲜卑语，又会弹琵琶，各种各样的技能他们都会，但是就是由于他们兴趣爱好太广泛，于是他们就样样都不精通，在历史上就留不下任何的名，就是因为他们始终没有一项专长。

颜之推说如果这样的人，能够放弃其他，专门选择一项作为自己的专长，那这个人就会非常有成就。

也许有人会提出疑问：孔子不是"博学而无所成名"吗？孔子的学问确实非常广博，没有一项专长，但是大家别忘了，像孔子这样的人物，直到现在我们整个民族中也唯孔子一人而已，难道人人都能成为孔子，成为万世师表吗？那是不可能的。所以，孔子博学而成名，是由孔子所处的那个时代决定的，但在今天这个时代，如果我们在学问上对什么都通，却没有一项专长，那么这样一个人要在社会上求生存，就会面临种种的困境。

有一句古语“三百六十行，行行出状元”，就是说有三百六十个行业，每一个行业都能成就杰出的人才。而我们现代社会，何止三百六十行，就是说三万六千行也不为过，可以看出现代社会的分工越来越精细。同样现代的人口也不知道是古代人口的多少倍，由于教育的普及和科技的发展，在每一个行业中，同时都有许许多多的人在谋生存，求发展，所以要想在一个行业中做出个名堂来谈何容易！如果你还想在许多行业中都做出名堂来，想要官做得很大，生意做得很好，做学者做得很棒，又可以写小说，又可以去演电影，又可以去当医生，还可以去开飞机，这是不可能的，现在这个社会也不需要这样的人。

所以《颜氏家训》告诉我们“多为少善”，你做的行业非常多，但是你精通的东西特别少，如此这样，那还不如“执一”，抓住一行干到底，也许会做出一些成就，把你的才能淋漓尽致地发挥出来。

《颜氏家训》的这一思想，对我们今天谋生依然具有重要的启发意

△ 惠山茶会图　明・文征明

义。但是对于古代的士大夫来说，他们不涉工商，不会种地，当官几乎就是当时的知识分子实现个人理想、实现个人价值的唯一一条出路。但是即便是唯一的出路，也要想想国家究竟需要什么样的人才，只有考虑清楚这个问题，才能有针对性地培养自己相应的才能，才可以成为国家的有用之才。

颜之推认为，当时国家需要六种政治人物：一是朝廷之臣，在朝堂之上议论军国大事，讨论国家的大政方针；二是文史之臣，任何一个国家，任何一个政权，它都需要总结前人的经验，把当代的历史传承下去，这就需要文史之臣；三是军旅之臣，就是保卫国家，守卫边疆，使国家安定的军士将领；四是藩屏之臣，就是地方的封疆大吏，地方官员，一个政权或者一个国家分成不同的地区，那么就需要管理这些地方的行政官员；五是使命之臣，就是外交家，他们能够出使不同的国家，协调与不同国家的关系，把自己国家的理念带出去，能够不辱君命；六是兴造之臣，一个国家总是要从事各种工程建设，这就需要从事工程建设的专业型人才。所以一个国家需要这六种人才，作为一个读书人，想要一个人包揽这六种职业，或者说把这六种技能全部兼备，也不是不可能，而是比较困难。在颜之推看来，如果作为一个士大夫，能够把这六项当中的某一项做好了，就无愧于人生了。

所以并不是懂得越多越好，颜之推认为精通一行，比样样都通要强得多。一个人要在社会上生存，无论是从政做官，还是经商，还是去从事人类精神产品的创造，《颜氏家训》告诉我们，我们首先要考虑的是，分析社会、时代需要什么样的人才。只有知道了这个社会需要什么，才能根据社会的需要，来增加自己的才干，来培养自己的技能。只有这样，自己才能成为合乎时代需要的人才，否则自己在社会上谋生，就会面临着很多的困难和困境。

任何一个人要想在社会上生存下去，第一，不能依靠自己的父母，不能依靠自己的兄长，不能完全依赖于自己的家庭，要依赖于我们自己，要自己在世界上立足，靠自身的能力在世界上生存下去。第二，一个人要在社会上生存下去，一定要有一项专长，一定要有一项技能，我们才能有尊严地生存下去。第三，这项专长一定要适应社会的需要，要学会分析社会需要什么样的人才，一个国家需要什么样的人才，一个地区需要什么样的人才，一个行业需要什么样的人才。只有确定了这些，我们才能有针对性地培养和提高自己，才可以不依赖于家庭，不依赖于父兄，就能够在社会上生存下去。

儒家传统要求一个人要“言忠信，行笃敬”。说话忠诚可靠，办事严肃认真，以这个为前提，那么走遍天下就无不可行了。所以，一个人的一技之长应建立在良好的道德修为的基础之上。无论是出生在动荡的时代，还是出生在和平的年月，无论是在自己的家乡，还是远离自己的家乡，道德加技能是一个人生存与发展的保证。

现在有不少的小伙子外出打工，但是有些小伙子打工不成功，这是为什么呢？有的人甚至于好长时间都找不着工作，当把家里带来的一点钱用完之后，囊中羞涩，没有办法了就会开始想入非非，走向错误的人生道路，甚至是走到错误乃至犯罪的道路上去。出现这样的情况就是因为个别打工的小伙子没有一技之长，对这个城市没有做出合理的分析，不知道这个城市究竟需要什么样的人才。

当我们外输劳动力的时候，比如一些地方政府有组织有计划地把劳动力输入另一个地方去的时候，一定要让这些劳动力拥有一技之长，让他有求生的本领，你再把他送出去，否则他无一技之长，到一个新城市里，又没有任何人来照顾他，他的生存就有可能面临种种的困难和危机。

这也是《颜氏家训》给我们今天的一种启示。

第十二章 止足

由知足到止足

中国人和西方人的人生态度有许多不同，中国人比较含蓄，而西方人比较张扬；中国人比较注重礼让，而西方人强调竞争；在对待人生的态度上，也反映出东方民族和西方民族的性格差异。

比如在理财观上也有种种不同，中国人生活上强调节俭，而西方人更多的是强调提前消费。所以，我们无法去评判到底是东方人的文化优秀，还是西方人的文化优秀，而是说存在着某些现象，而这些现象是通过民族长期的文化积淀而形成的，想改变也不是一时能够全部改变的。

《颜氏家训》在这些问题的处理上，基本上秉承了儒家的观念和原则。其中有一篇专门文章《止足》。有一句话叫作“知足常乐”，意思是一个人了解到自己已经不错了，自己的心态才能够放稳，然后才能够获取人生的快乐；如果说对自己的生活永远不满足，那你就不会获取快乐。当然这个满足与不满足，主要是对个体的欲望而言的，不是对个体的敬德修业而说的。

《颜氏家训》由“知足”转化为“止足”，从知道的“知”换成了停止的“止”，所以叫作“止足”。“知”和“止”意义大为不同。《颜氏家训》告诉我们在生活的一些方面，做到什么样子就可以满足了；“止足”就是你要知道，我们有了哪些东西就可以满足了。这就是说，人生要有休止符，不能是无限延展的省略号，这主要是从生活的态度上来讲的，并不是指我们道德的修为和事业的拓展，我们道德的修为是无止境的，我们的事业拓展也是无止境的，但我们对我们个人的生活，一定要有一个“止足”的点，到那样一个位置上就可以了，不要有更多的要求。

△ 竹鹤双清图　明·王绂

这就是《颜氏家训》所说的止足少欲。颜之推引证《礼记》当中的话“欲不可纵，志不可满”。现在有一种人的生活态度，叫作纵欲主义态度，就是完全放纵个人的欲望，这表现在生活的方方面面，包括吃穿住行、男女关系等。颜之推告诉我们，欲望是不能放纵的，欲望就像一匹野马，必须给它带上马辔，通过缰绳来抓住这匹野马。这样才能让欲望在运作的过程中，有方向有目标，知道它该在哪里止步。这就是“止足”。

我们要给欲望划分一个合理的区间，

即“欲不可纵，志不可满”。生活中我们有许多想法，和一些个人的主观设计，但我们并不能够把它完全实现，因为那是不可能的，也是不可以的。

我们可能有种种理想设计，其中很多是不切实际的，那就是幻想，如果你想把幻想变为现实，那就会出现种种的问题，不仅是面临着困境，而且是根本不可能的问题。所以要对我们的欲望加以调控，加以管理。这应该是我们最起码的生活态度。

《颜氏家训》中说：“人生衣趣以覆寒露，食趣以塞饥乏耳。”我们每一个人衣服不过遮羞取暖，吃的饭量不过是饱腹而已。所以不管再有钱的人，社会地位再高的人，名气再大的人，大自然也没有给你两个胃，即便你真有两个胃，那也是不正常的，其中一个胃肯定是个问题胃，就会出现很多麻烦。

我们每一个人只有一个胃，我们的生活，也不过是满足我们这一个胃而已，我们穿在身上的衣服，也不过是求得能够遮住我们的身体，能够使我们的身体保暖而已。我们内在的生理的诉求况且有一个限度，那么外在的那些功名利禄与我们的生理的需求相比，那不是更微不足道了吗？

我们在追求一些外在东西的时候，更要设一个止步的点，划出一个区间来。颜之推还列举了一些历史人物的例子，来说明这个道理。

秦始皇、汉武帝贵为天子，富有四海，都是不可一世的人物，但是他们正是因为不知道自己的欲望该在哪里止步，结果到了晚年，都出现了种种问题。秦始皇一直想求长生不老药，希望长生不死，可长生不死是可能的吗？是根本不可能的。这并不是我们想实现就可以实现的。在中国历史上，许多王侯将相达官显贵为了求得长生不老，而误食丹药，反而促使他早死。所以人的欲望是有限度的，大自然的造化不可能让你穷奢极欲，想得到什么就得到什么，那是不可能的。

《大学》中有句话，“君子有大道，必忠信以得之，骄泰以失之”。这句话的意思是，如果你想成为一个君子，你就要靠你的诚实、诚信、忠诚，老老实实地做人，踏踏实实地做事，来成就你君子的理想和君子的人格，但是你要是骄横，做事过分，就会丧失君子之道，就不可能成为一个君子。

中国文化非常讲究谦和少欲，这种观念深深植根在中国文化中，它体现在生活上，就是我们今天所说的俭朴。不管它是优还是劣，对我们今天的现代化建设是起到积极的作用，还是起到消极的作用，人们可以对它有不同的看法。但是这种价值观念和文化传统是一个客观的存在，无论是道家、儒家、墨家，在这一问题上的观点可以说是相同的。

孟子强调“养心莫善于寡欲”，其中寡欲就是《颜氏家训》中所说的少欲，即不要把你的欲望全部释放出来，对你的欲望应该有所节制和调控，有一些是可以释放出来的，但有一些就不能释放出来。如果想要成就高尚的道德人格，真正地回归于人的本性，就要真正地涵养你的性情和精神。一方面要减少你的欲望，或者找到欲望的止步点，减少我们在日常生活对外在功名利禄的追求；另一方面，我们有想要成为君子的欲望，想要成为善人的欲望，在这方面就该加强，这正是此消彼长，才能够成为一个君子。后者是孔子的“欲仁而得仁，又焉贪”的意义所在。在成就君子，成就仁人上的欲望越大越好，应永不知足，不止足，但在追求外在的富贵利达上，应知足而止足。这是《颜氏家训》省事、止足的意义与价值。

满招损，谦受益

颜之推在《颜氏家训》中提出“谦虚冲损，可以免害”，这是他给后世子孙留下的一条非常重要的教诲。

颜之推认为中国文化，不管是天道还是地道，人道乃至鬼神之道，都强调“谦”，讨厌“满”，或者“盈”。自然界的规律也是如此，月亮满了，恰恰是它亏的开始，到了冬至，春天的到来就不远了，所以四时天道是这样的。对于地道来讲，从中国的这个地理角度来看，西高东低，西部高处的水不断地流向东方的大海，黄河不断地带着泥沙往下流，似乎带着不填满东海不死心这样一个劲头，不断地往东边流去。这是《易经》里说的“天道亏盈而益谦，地道变盈而流谦”。《颜氏家训》则言：“天地鬼神之道，皆恶满盈。”

人道也是如此。作为人，欲望不能太满，《易经》中说道：“人道恶盈而好谦。”如果一个人能够知道不能太放纵自己的欲望，能够适当减损自己的欲望，把自己的欲望放低一格，生活过得俭朴一些，自己淡泊一些，就会得到自然之福，否则你就会受到自然之害。以我们身体为例，

△ 满招损，谦受益

我们只有一个胃，但是如果我们摄入的营养太丰富了，营养过剩了，很自然就会变得肥胖，甚至出现血脂黏稠等问题。如果我们的生活淡泊一些，还会有这样的毛病吗？

中国人讲究谦虚冲损，即便不能得福，最起码可以免除许多的祸患。颜之推举例说：有一个达官显贵不知道满足，家里已经有奴仆八百了，但是他的目标是要拥有一千名奴仆，他为了完成这个一千个仆人的目标，不断地进行努力。在他还没有达到一千的时候，已经东窗事发，他的家产被官府彻底查抄，他家中即使不是满门抄斩，也会是小人之泽，不世而斩。好多人不知道自己的欲望该在哪里止步，一味地去穷奢极欲，到头来换来的是个人的祸患。

明白这个道理之后，在治家过程中就应该知道如何去做。颜之推说如果是一个二十口人的士大夫家庭，家里的仆人最多不要超过二十人，有土地十顷，房屋足以避风雨，车马足以代步，就可以了。《颜氏家训》认为，如果一个二十口人的家庭，养上一大批的奴仆，那就是骄泰，是纵欲，这样的家庭终究没有好结果。比如《红楼梦》中，也许大家没有数过贾府中有多少人员，但是我们能看到其中任何一个主人，比如贾宝玉，都配了很多个丫头和差役来为他服务，按照《颜氏家训》的观念，那就是骄泰。

有一次我去深圳讲学，一个学生开车带我回酒店，这个学生是个女生，年龄已经三十多岁了，从美国深造回来之后就在深圳创业。在她开车送我回酒店的路上，我问她："你年龄也不小了，为什么没有要孩子呢？"她告诉我说："颜老师，我不敢要孩子，我不知道生下孩子来，怎么教育他。"她说，"我现在所处的这个朋友圈中，都是很有钱的一些家庭，许多朋友都生了好几个孩子，每一个孩子除了有一个专门的保姆，家里还有专门来做饭的一个保姆，还有专门为他扫地的，还有专门的司机，等等。但我看他们都没有教育好自己的孩子。"从《颜氏家训》的角度看，这是现代富人的骄泰。

她还说："我看到那些孩子去打骂自己的看护阿姨，我那些朋友也不懂得批评教育，这样的孩子能教育好吗？在这种环境当中，教育孩子非常困难。"

有时候《颜氏家训》给我们的教训是很实在的，告诫我们在经济这方面欲望的追求上，要有一个休止符，要知道欲望的区间在哪里，这就是止足，否则的话，就是不懂得止足之道。

颜家是书香门第，关于当官从颜之推的先祖颜含开始就强调："汝家书生门户，世无富贵，自今仕宦，不可过两千石。"颜之推将这种观点进一步具体化，他说做官最好是位在中品，不要做太大的官，也不要做太小的官。他认为位在中品即为"前望五十人，后顾五十人，足以免耻辱，无倾危也"。意思是，前面有五十人比我官级大，身后还有五十人比我官级小。这样做官实际上就已经是很舒服了，如果说还一味地去追求权势，追求官衔越大越好，就会出现问题甚至惹来杀身之祸。

△ 观潮图　清·袁江

颜之推饱经战乱，这样的事情他看得太多了。有很多人早晨的时候，还执掌着国家大权，晚上就被杀头，甚至满门抄斩，诛灭九族。所以，他为子孙后代能够永续发展，世代相承，提出了做官位在中品的原则，这是乱世明哲保身的方法。

我认为《颜氏家训》可能有一个逐渐形成的过程，二十篇并不是一口气写完的，所以有人说《颜氏家训》是写在北齐，有人说是写在隋统一以后。由此，可以看出它有一个长期形成的过程，这二十篇不同的篇章是写在不同的时期。在写《止足》篇时，颜之推说他自己现在已经身为黄门侍郎，这个官职相当于现在的中央机关的秘书长，已经很高了，超过了位在中品的限定，这个官职也超过了颜含所规定的仕宦不过两千石的要求，所以颜之推说他时常想隐退，但是他毕竟是在异乡他国，如果要隐退下来，可能对整个家庭更为不利，所以只能勉强在这个位置继续做下去。

颜之推告诫我们对人生要知足，不仅要知足，还要学会止足。止足是一种生活态度，面对这种生活态度，我们很自然地就会产生另一种对自身的不止足的要求，这种人生的毕生追求是什么呢？就是《大学》当中所讲的“止于至善”。

《大学》是四书之一，它说，“大学之道，在明明德，在亲民，在止于至善”，其中提到止步的点在哪里？止在最高的善、最理想的善、最高的境界善、至高无上的善，这才是我们终身的追求，是我们生命奋斗的方向。

而在面对现实的物质生活时，我们应该像《颜氏家训》所说的那样知道止足。

将这两者有机结合起来，才能够成就我们理想的人生。这就是说，我们要追求一个俭朴的物质生活，对外在的功名利禄和社会财富的追求，以及对权力的追求方面，我们都要知道有一个止步点，为官位在中品，或者二十口之家奴仆不超过二十人，房屋能够避风雨，车马能够代步就够了。可以稍微多积蓄一点财富，以备不时之需，但如果有更多的财富就不宜存留了。颜之推强调要“以义散之”，将这些多余的财富广施给大众，广施给亲友，把它散出去。

如果还没有达到这个地步，家里还没有那么多土地，也没有车马，也没有那二十个仆人，又该怎么办呢？颜之推说，即便如此也不要以不合乎道义的方式去追求它。

这就是他所说的止足，对外在的这些东西，我们需要知道我们应该停在哪里，我们应该有一个限度，而同时我们对自己生命的境界，对自己的敬德修业，对自己的成圣成贤，对自己成为一个君子，对自己成为一个善人，对自己成为一个有操守的人，这些方面应该永远不知道满足，应该不断地努力。

只有这样，才合乎《颜氏家训》对我们每一个人的要求，这样才能够成就我们一种比较完美的人生，这样才能够使我们的人生真正地快乐起来。

可见人生的快乐源泉并不是追求过分的财富和权力，而是“求仁”，成为圣贤人格。这也是《颜氏家训》给我们的提示。

颜家的一世祖，“复圣公”颜回就是这个道理的践行者，孔子也是。我们用心读《颜氏家训》就可以从中领悟出“修身，齐家，治国，平天下”的道理，就可以时刻感受到《颜氏家训》的思想光芒。

第十三章 风操

礼仪的制定和发展

所谓风操，就是士大夫或者当时知识分子家庭中的操守与风度，或者门风、规矩。风操归根结底属于礼仪规范的范围。

中国人普遍不信宗教，那么维系中国人日常生活规范的是什么呢？这就是礼仪规范，正如有些学者所说，中国者，礼仪之国也。中国是以周孔之教代宗教。其中“周”指周公，“孔”指孔子。所谓“周孔之教”就是礼仪文化传统，或者礼乐文化传统。

礼仪不仅用来治国，儒生也用这一套礼仪规范来整治自己的家庭，让每一个成员都要遵守行为规范，这样一个家庭就有了自己特殊的规范，即所谓的家风，或者门风。

《颜氏家训》的作者颜之推认为，所有的礼仪都是根据人情而制定的，如果有一些礼仪不合乎人情，那么这些礼仪就需要进行调整和变化。中国古代有所谓的三礼，即《周官》《仪礼》《礼记》。在《礼记》和《仪礼》中，对人们的行为规范，规定得非常详细，中国传统的葬礼、婚礼、冠礼、乡饮酒礼等，都有一些非常明确而且细致的规定。比如，人们应该如何吃饭，什么时候使用匙子，什么时候使用筷子，如何使用筷子，吃饭的规矩如何，小孩子洒水扫地的时候应该怎样做，甚至怎样进门，怎样过门槛，等等，这些细碎的事情都有比较详细的规定。

但是由于历史的变迁、时局的动荡，这些礼仪规范到了魏晋南北朝时期，好多士大夫之家也已经无法严格执行了。颜之推认为，每一个士大夫家庭都会根据传统的礼经，对这些礼仪规范加以调整，根据自己的理解形成自己的门风。但是所有的礼仪规范的制定，或者修改都应缘于人情，因此礼仪规范的制定一定要合乎人情。因此大家知道，礼是可变的，这是为什么呢？《论语》中有一段孔子所说的话："殷因于夏礼，所损益可知也；周因于殷礼，所损益可知也；其或继周者，虽百世，可知也。"这段话的意思是，商代的礼乐文化继承了夏代的礼乐文化，但是它又对夏代的礼乐文化有所增补、有所减损；周代的礼乐文化继承了商代的礼乐文化，对商代礼乐文化有所增补，有所减损；周代也不是永远存在的，也会被其他的朝代所取代，这时新王朝出现了，这个新王朝还会根据自己王朝的时代需求，在继承前人的基础上，来制定合乎自身时代的礼仪规范系统。这就是说礼是可变的，可变的东西不仅仅是礼乐规章制度，也包括我们的日常生活规范。

中国传统的礼仪有一个规定，叫作"男女授受不亲"。"男女授受不亲"的意思是男女之间不亲相授受，那男女之间要相互递东西怎么办？应该是一个人把这东西放到一个地方，然后另一方再过来取它。但是今天这个情况几乎不可能了，因为已经很少有人再遵循这样的礼了。现在男女之间见面还可以握手，甚至会行西方的礼仪，比如见面拥抱。这就是表明随着时代的变化，尤其随着西方礼仪文化的融入，中国传统的礼仪规范发生了很大的变化。

其实中国传统的礼仪一直在变化中，没有一成不变的东西。在孔子

◁ 修竹仕女图　明·仇英

那个时代，礼仪就在发生变化，孔子曾经说过，过去人们的礼帽是用麻做成的，但到了孔子那个时代，礼帽已经发生变化了，变成用生丝来做礼帽。孔子认为，这个帽子象征了一种礼，他说“今也纯”，这种变化体现了礼乐的简约精神，更为简朴，简朴就容易推行，就容易向大众灌输，所以他说，这样的变化他是接受的。

但是有些礼的变化，孔子认为他是无法接受的，哪些礼呢？他说过臣下拜见国君的时候，是在堂下拜，拜完了再到堂上拜，但是现在人们把堂下拜这一个环节给省略了，都只在堂上拜。但是孔子还是违背了当时人们通行的做法，还是要在堂下拜。为什么违背大众的做法，孔子也要坚持呢？因为孔子有一条原则，这条原则就是，礼是代表了一种谦恭，在堂下不拜到堂上拜，表示了臣子的傲慢，不能体现出那种谦恭，所以哪怕跟众人不一样，孔子说他还是要在堂下拜。

《论语》第十篇《乡党》这个篇章中，记述了许许多多孔子生活的具体规范，其中就有我们今天经常用的“食不言，寝不语”，意思是在吃饭的时候不要说话，在睡觉的时候不要说话，这就是孔子在《论语》当中的一个行为规范。

现在不同了。很多人专门借吃饭之机来聊天，结果可能就会把饭粒呛到你的气管里，非常不雅，且不利于健康。而睡觉的时候，老朋友相见熄灯后还一起聊天，并且会越说越兴奋，结果大家谁也休息不好。而且睡觉的时候说话，也会影响他人的休息，从健康的角度讲，也不合乎我们的生理需求。

这就是一些礼乐规范，当然这样的礼乐规范非常多，而《颜氏家训》就继承了中国这一套传统的礼乐规范，认为礼也是可以发生变化的。

那么礼仪会在什么样的社会背景下发生变化呢？“礼以时义为大”，其中时就是时间的时，义就是道义仁义的义，这句话的意思是，礼的最大的意义就是要合乎时代之需求，合乎人心之需要。这样礼的变化就是合理的。

《颜氏家训》也认为礼是可变的，是可以根据人们的人情来进行设定的，不要拘守于或者固执于礼的死板条文，这是其中对礼的一种处理。礼在《颜氏家训》中体现得非常多，它所体现的行为规范，与我们传统的礼乐规范是一致的。所以《颜氏家训》中的礼仪规范，可以说是对传统儒家礼仪规范的继承或者是发展。

现在很多地方，许多小孩子都在学习《弟子规》。《弟子规》就是小朋友或者青年人的行为规范，其中很多行为规范我们今天的成年人也未必懂。在中国传统的启蒙教育中，小孩子一定要学会这些行为规范，所以在孔子的《论语》中会表现出，孔子或者孔子的学生教育学生的时候会强调，一定要注意生活的一些细节。比如“洒扫应对”，就是我们怎样扫地，怎样洒水，洒水的姿势应该怎么样，怎样洒水才能让这个水洒得合理；古代社会没有今天的木地板和瓷砖，即便是条件比较好的家庭也就是铺砖，大多数的地是土的，这样，扫地就会留下尘土，当尘土扫到长者面前，扫帚应该怎么使，古人将这些视为学问与教养。

《颜氏家训》的作者颜之推说，“吾家风教，素为整严”，意思是他家的教化向来是非常严格和缜密。所以，他在很小的时候就随着两位兄长学习礼乐规范。颜之推说，如果他的后代生长在一个和平的环境当中，比如是生长在魏晋南北朝时期的南朝，那么这样的一些礼仪规范，人们就不需要把它写成书，记叙成文字了，通过耳濡目染，就可以学到这些礼仪规范。这就叫作“蓬生麻中，不扶自直”。

但是他认为，他的这些孩子们是生长于动乱的年代，尤其是生长于北齐这个地方，那个时候北方被鲜卑人所统治，传统的礼乐规范被人了解得非常少，非常淡薄。所以他要把这套礼乐规范写下来，用它来教育后世子孙。

忌讳

《风操》这一篇牵扯的问题非常多，而且也非常细致。比如有牵扯到忌讳的问题。所谓的忌讳，忌是禁忌，讳是避讳。古人讲“为尊者讳，为亲者讳，为贤者讳”。讳就是不能说的名号，说了就是失礼。在家庭中，主要是“为亲者讳”。为亲者讳就是说作为晚辈，比如儿女，父亲的名字就应当避开，不能说，这就是一种忌讳。《礼记》上讲到，一旦看见长得像已经去世的父母的人，心里就会不舒服，眼睛就会闪烁着一些泪光，这是传统的礼所规定的。但是颜之推认为如果完全按照这个去做，就会不通情理。因为你见到自己的一个伯父，或者自己的一个堂兄，或者自己的一个近亲的亲人，那么他长得像你的父亲，这是很正常的，因为血缘关系比较近。如果见了就含着泪光，就不合适。

所以礼就应该发生一些变化，不能够完全拘泥于这种礼的教条。他说父亲的名字对我们每一个人来讲都是一种忌讳，所以给孩子起名字的时候，一定要想到自己的孙子，为什么呢？名字里应该注意不要有常用字，如果这个字天天需要用，一天到晚都能碰到，比如儿子的名字里有一个“一”，到孙子的时候，为了要忌讳他父亲的名字，那他就不能说“一”了，而“一”这个字不知道一天会反复使用多少次，这样就会给孩子生活带来很多的困扰和不方便。这是《颜氏家训》教导我们起名的方法。

当然我们现代人不再有对父母名字的忌讳，但古人对父母名字是非常忌讳的。举个例子，马援将军曾经说过：“闻人过失，如闻父母之名，耳可得闻，口不可得言也。”马援这里说的就是为亲者讳，但别人喊父母的名号你可以听，但是你口不可以言，你不可以直接说你父亲的名号。但是如果真是遇到了不可回避的问题，颜之推给我们提供了一个解决这个问题的办法，就是以同训代称，找一个在训诂学上同训的字来代称。

如春秋五霸之首，齐国的国君齐桓公在管仲的帮助下“九合诸侯，一匡天下”，匡复天下之正义。这位齐桓公的名字叫小白，他的“白”这个字就被齐国的好多后人所忌讳，有一种赌博的工具原来叫五白，为了避讳白就把它称作五皓，皓就是白的意思，所以就有了五皓这种说法。再如，汉代淮南王刘长，他的忌讳是“长”这个字，所以琴就有了修短之目，修就是长的意思，这也是修长这个词的来历。

颜之推说，我们有伸长的说法，但是我们从来没有听说过有“伸修”这种说法的，所以同训代称的方法有时候也不能把它过分地固执化。《颜氏家训》认为：对于忌讳尤其是为亲者讳不能过分强化，应适可而止。如梁朝有个人叫谢举，他父母已经去世了，因为他一听见他父母的名号就会哭起来，所以世人都讥笑他。还有一个人叫臧逢世，他父亲叫臧严，所以他很忌讳“严”这个字。在梁元帝时期，有一次他到一个地方去办公务，当地的百姓和官员都向他上了不少的表章，告诉他当时当地的一些问题。他只要看到表章有“严”字，这个文件他就看不下去了，就痛苦地流泪。梁元帝认为如果他长此以往肯定会误事，于是就把他的官给撤了，调回来了，不让他在那个地方继续处理这些公务了。

颜之推认为，如此忌讳就是不可理喻，违背了人情。颜之推举了一些例子，比如有一个人由于他的父亲是一个地方的刺史，城池被敌军攻陷，父亲被刀杀死，死于战乱，于是这个人这一辈子就不用刀了，所有的东西都用手掐。还有这样一个人，他母亲是被火烧死的，从此他就不再吃烤肉，看到烤肉他就非常伤心，这让他想起了他母亲，就会哭起来。还有一个人，他父亲是喝醉酒之后被人所害，从此这个人终生不再喝酒，完全忌酒。颜之推说，如果都按这样的准则去遵守忌讳的礼节，那么如果一个人的父母是吃饭噎死的，孩子一辈子就不吃饭了吗？所以这个礼，一定要制定得合乎人情，只有通情达理才有可行性。

称谓

《颜氏家训》中讲到了很多的名称，教我们如何去称呼他人、称呼自己的父母和他人的父母，这些问题，也就是我们今天所谓的称谓问题。

颜之推说在汉代时期，人们可以称自己的姑姑为家姑、自己的姐姐为家姐、自己的父亲为家父、自己的母亲为家母，但是到了南北朝时期，这样的叫法就不流行了，古人之所用，就为今人之所忌。那用什么呢？李密的《陈情表》中就有答案，其中有一句是“慈父见背，舅夺母志”。

现在有一些人无学，称自己的父亲为令尊，称别人的父亲为家父，闹出了不少笑话，甚至惹出了“家父”风波。可见了解称谓的重要性。

在颜之推那个时代，家父这样的称谓，是乡下人对自己父亲的一种称谓。用比较严格的说法，应该将自己的父母分别称呼为“家严”和“家慈”，称别人的父亲为“令尊”，称别人的母亲为“令堂”，这是当时的称谓。颜之推指出，所有的称谓和礼节都是根据人情设定的。

设定这个礼有几个基本的原则：一个原则是表示恭；一个原则是表示敬；一个原则是表现谦；还有一个原则是表现让，合起来就是恭、敬、谦、让。所以，即便一个人不懂得具体的礼，只要你做到了恭敬谦让，它也是合乎礼仪规范的。《论语》中有一句话："信近于义，言可复也；恭近于礼，远耻辱也。"意思是，谦恭就接近于礼义，讲信用就接近于道义，这样做就不会出现大错。

我们在称呼别人的时候，首先一定要表现出对对方的尊重，称呼别人的父亲为令尊，对自身就一定要表现出谦卑。称呼别人的儿子为"令郎"，称呼别人的女儿为"令爱"，称呼自己的儿子为"小儿"，称呼自己的女儿那就是"小女"，别人的前面就要加一个令字，自己的前面就要加一个小字。表现出自己的谦让和对于对方的尊敬，这样就不会出大的问题了。称呼自己的妻子，是"内子"或者是"拙荆"，要是反过头来称呼别人，就要对对方表示出一种尊重，所以这就是礼的一个最基本的规范。

《颜氏家训》认为在给孩子起名字的时候，不仅要考虑到避讳问题，还一定要考虑到这个孩子的名字和古人的名字的重复问题。比如司马相如，是因为他倾慕蔺相如，于是他就把自己的名字改成了司马相如。顾元叹是因为倾慕东汉末年大书法家、文学家，蔡文姬的父亲蔡邕，于是把自己的名字改成了顾邕。这样做问题还不大，但是有些人把古人的姓和名全部变成自己的名字，比如有一个人叫许暹，把自己的名字改成许颜回，一个姓庾的人，把自己的名字改为庾晏婴。我们知道晏婴、颜回都是中国历史上非常有名的人物，颜之推说，把古人的名和姓连用给自己起名字"亦鄙事也"，即是非常粗鄙之事，是应该避免的。

如果在古代，我姓颜，如果有一个人名叫颜之推，这样的人我和他见一次面，不会再见第二次，接受不了。颜之推是老祖宗的名字，你都敢用，这就是无学。

有一次我到一个地方去上课，看见一个人的名字，叫孙文。当时我就大吃一惊，孙文他也敢叫。大家知道孙文是孙中山先生的名字，他是伟大的革命先行者，并且这位伟大革命先行者比你早生了上百年，你也去用他的名号，我觉得，用颜之推的话说，“亦鄙事也”。

《颜氏家训》中还讲了许多南北朝时期不同国家的一些礼节和风俗。南方的仕宦大家举行宴会的时候，客人来了不迎，客人走的时候也只是欠身而已，或者说客人到了，大家见了面只是互相捧捧手，不作揖；但是北方人，客来的时候一定要迎，而且迎的时候还一定要作揖，不仅是捧手，客人走的时候，也不是随便欠欠身子就可以，而是一定要把客人送到门口，有些甚至于要送出村外。颜之推说，这就是北方人继承了中国传统的礼仪，而南方待客则不够周详、热情。

《论语》告诉我们送客应该送到什么程度呢？孔子说，要送到“宾不顾矣”，意思是，送客人要等到客人不再回头这个程度，你就可以回来了。所以客人要走的时候，不要频频回头，如果你频频回头的话，主人一直不敢离开，他要一直跟你打招呼。这就是北方人送客和南方人送客不一样的地方。

南朝时期，梁武帝的一个弟弟要去做地方官，梁武帝跟兄弟离别的时候，说你看我年纪都这么大了，我们兄弟还要分别，说着说着就泪流满面，他的弟弟也想要流泪，但是他流不出来，结果被所有人笑话。

颜之推说，南北送客风俗不同，北方人在送客的时候，大家分手也能非常高高兴兴地言欢而别，大家都说得非常痛快，也不会流泪。虽然是“相见时难别亦难”，在离别的时候会充斥着许多的思念之情，有些人他内心里有你，他就会表露感情，但是也有些人他就是流不出来眼泪，那么你不能够强求他非要流出眼泪来不可。

所有的礼仪都应该要合乎人情，不合乎人情的礼仪，就要适当地加以调整。此所谓“礼缘人情，恩由义断”，其中恩是指家庭内部的一些感情，即父子之间、夫妻之间、所有的兄弟姐妹之间相互的这样一种感情。

这样的感情要靠什么东西来处理呢？除了要出于感情，还应该合乎道义。

《颜氏家训》所告诉我们的这些道理，和整个儒家文化的系统是相一致的。礼仪规范应该随着时代的变革或者变迁而发生一些变化，每一个时代都应该根据自己时代的特征，制定出合乎本时代的礼仪规范。

由此我的观点是，要反对那种完全的复古主义、泥古不化的礼仪；同时更要反对完全的崇洋媚外，即反对某些人一切以西方的礼仪规范为标准。我们应该结合传统的礼仪规范，根据现时代的需求，重新制定出符合这个时代的礼仪规范，这才是我们当下需要做的。

第十四章

养生（上）

内外兼养

从 20 世纪中期一直到现在，中国社会处于一个和平的时代。在这样的大背景下，许多人逐渐地由贫穷变得富有。在这样的一种生活状态下，许多人把养生或者是健康提到了一个非常重要的地位。现在大家都知道各种各样的养生方式，可谓是非常丰富、完备与发达。我们作为现代人，每一个人都知道锻炼身体，增强体质。

过去讲“生命在于运动”，好像只要运动我们就能够健康长寿，但是近来人们的观念发生了一些变化，这个时候人们再讲到“生命在于运动”，内涵已经发生了变化。现在讲究的不仅仅是运动，而且运动的时候还要讲科学，可见现在比起过去的提法就更加规范。而且也不是所有的运动，或者所有的高能量消耗的运动都会给我们的身体带来益处，而是要讲究科学的方式、方法。

老年人可能比较适合做调息、养气、太极这类运动；年轻人，体质比较好，生命力比较旺盛，就适合于打球、跑步等竞技类的运动。所以，不同的年龄阶段对身体的健康或者运动的要求有不同的一些衡量标准。

◁ 秋窗读书图　宋・刘松年

说到底我们运动的目的就是保持我们身体的健康。那么，保持我们身体的健康的目的又是什么呢？许多人回答是延年益寿，努力通过我们自己身心的调整，在尽可能地增加我们生命的长度的同时提高我们生命的质量，这就是我们养生的目的。

现在大多数人，尤其是到了一定年龄的人，都知道要想保证健康，就应该要少吃糖，少饮酒，不嗜烟，做适量的活动，这些可以说都是一种养生的方式。

养生有各种各样不同的方法，现代人一般用综合的方式来进行养生，有的人用药养，吃一些保健品和滋补品，通过这些补品来提高自己身体的机能；有些人是用食养；有些人认为还有别的一些养生的方式。我们中国传统认为，“药养不如精养，精养不如神养”，最高的养生方式就是我们精神的自我调整。

中国传统文化认为精神的调整很重要。我们的心理活动，往往与我们的生理的一些机能之间有一定的关系，所以中国人常常会说，如果你的心放宽了，或者心情开朗了，身体就会健康，即所谓“心宽体胖”。

什么是养神？养神说到底就是养我们的精神，养我们的境界，养我们的心胸，《颜氏家训》把其称作“养内”，或者“内养”。所有的运动和食补药补，都属于“养外”。我们既要注重养内，也要注重养外。

颜之推注重养生，为此他有《养生》一文，专门对此进行阐述。他认为养生的目的并不是长生不死，也不是修仙成道。虽然《颜氏家训》也说“神仙之事，未可全诬”，意思是神仙之事，也不能说它全是假的，但是也指出，要想像魏晋时期那些丹道家们或者道士们一样修炼长生不老之术，绝非平民百姓可以做到的。因为每一个人生来都要承担社会责任，一个人一出生就去养神修仙，这是不可能的。将本应承担的社会责任全都放弃了，不赡养父母，抛下妻儿，然后自己去成道士养神修仙，这对于一般的人来讲是做不到的，也是不能做的。

在人从出生到终老的这一段人生旅途中，充满了各种各样的挑战，也肩负着各种各样的责任，有些责任是不可推卸的，所以一个人不能寄希望于退到世外桃源中去“修仙”。

颜之推告诫后世子孙，作为信奉儒教的颜家的人物对此绝对不能专精，意思是不能专门去修道修仙，不可以往这个方向发展。在魏晋南北朝时期，像王羲之这类的大人物都垂青于道士，但是透过《颜氏家训》会发现，颜家的人和道士之间的关系来往是非常淡薄的，几乎不见于史籍。这就是同一时代有着不同的家教和家风所形成的不同的家庭的文化现象。这是他对神仙的一种态度。

颜之推认为神仙的长生不死几乎是不可能的，也就是说那么多想长生不死的人，最后也得死，即使高寿、长寿之后，还是难逃一死。但是这也不是说道士或者道家的东西就一无所长，他认为道家的养生方法，对于我们每一个人还是很有意义的。“若其爱养神明，调护气息，慎节起卧，均适寒暄，禁忌饮食，将饵药物”，他不会反对。这就告诉我们可以通过呼吸的调整来养生，就好比紧张的时候深呼吸就可以稍稍放松；还有，通过饮食禁忌，有些东西可吃，有些东西不可吃，要注意不能暴饮暴食等调节饮食；通过起卧有节，按时休息，按时起床，这些方法来养生，是《颜氏家训》所赞成的。

颜之推认为这些方法确实具有借鉴的意义。我们现在很多人，尤其是年轻人，凭着自己比较充沛的体力与生命的热量和能量连夜地工作，连着几夜不睡觉，这就不是起卧有节。在某一个阶段，或者特殊的时候是可以的，但是如果长期保持这样的工作方式，实际上是在透支健康。长期这样工作，早晚是要付出代价的。那代价是什么呢？《颜氏家训》中说过好多人在五十多岁就衰老了，虽然人过六十岁去世就可以不再称作夭亡了，但也是令人可惜的。所以，他主张，我们应该学习道家的或者说道士的、道教的养生方法，把它容纳到我们的养生中去。

道家一些方法对我们也有意义。在《颜氏家训》中，颜之推举了一个例子，有一个人叫庾肩吾，他一直吃槐豆，到了七十岁他的头发还是黑的，眼睛可以看见小字。颜之推还说，有些人通过吃枸杞这类养生的东西，确实让身体受益。颜之推还用自身的经验来说明，他的牙齿曾经一度喝冷的疼，喝热的也疼，吃酸的疼，吃甜的也疼，牙齿松动非常不舒服。一次他看道士葛洪著的《抱朴子》，书中记载了一个牢齿之法，即使牙齿牢固的 种方法。这个方法很简单，就是每天早晚各嗑齿三百次，他坚持了一段时间之后，再去吃别的东西，牙齿就不疼了，也不松动了，他认为这就解决了他的牙齿的病痛。这种牢齿方法看起来是很简单的一个方法，并且可行性也高。比如我们上班坐在公共汽车上，开车的时候，甚至于骑着电瓶车、摩托车，都可以做。早晚各嗑齿三百次，甚至睡觉以前可以做，起床以后也可以做。颜之推说这样一个非常简单的方法，虽然是小术，但是不妨修之。颜之推现身说法，让颜家的后世子孙乃至天下读《颜氏家训》的人不妨去学习这样的一个牢齿之法，也许对自己牙齿无害而益。

颜之推还指出，有些人为了修成神仙，要吃各种各样的东西，结果好多人死在了吃上。有一个人专门吃松树的松脂，结果不得要领，不知道该怎么吃，结果吃得过多，导致死亡。可见，这样不恰当的养生方法，只能是加速人的死亡。

颜之推非常强调养生，并且在养生的过程中不排斥药物的作用。他认为医术是一门专门的学问，但他并不渴望或者迫切地希望自己的孩子去做医生，只是希望他们可以掌握一些普通的药方、药理和一些普通的病理的知识。比如，需要懂得药与药之间的相互配合。在西药引进之前，我国的药主要是中草药，中草药就是将不同的草、不同的矿物，甚至不同的动物配合在一起，然后去发挥它的作用。颜之推希望后世子孙可以了解比较常见的药方、药理。

一个家庭，或者一个人在养生的时候，既要注重养内，又要注重养外，如果只注重养内就偏激了。《庄子》一书中记载着一个人物，这个人非常注重调养气息，在深山中养自己的神，结果他不知道养外，被老虎吃掉了，他把神养得再好，被老虎吃了还是等于没有养。

只知道养内，而不知道养外，一个人的生命就不能够长存；相反如果只知道养外，而不注重养内，结果同样如此。

颜之推主张养生的方式是内外兼养。

避祸

内外兼养的前提是要有“生”，如果我们的生命都不存在了，养生又从何谈起？

颜之推认为，养生的关键在于避祸，如果一个人避免不了社会的灾祸对你所造成的伤害，无论你的内养还是外养都失去了意义。孔子那个时代说，“苛政猛于虎”，我们现在经常说“车祸猛于虎”，意思是一个人身体再好，注意养内也注意养外，但是如果开车的时候横冲直撞，不遵守交通规则，跟别人飙车胡来，一旦出现问题，不管是内养还是外养都起不到任何作用。当生命都丧失的时候，养生就没有任何价值和意义了。

颜之推认为养生的前提是要避免意外伤害，也就是要避免一些无谓的牺牲。儒家传统主张“知命者，不立乎岩墙之下”，意思是说一个真正懂得生命意义的人，不会站在随时可能会倒塌的墙下。一面墙行将倒塌了，一个人还故意站在它下面，结果墙塌了把这个人压死，只能说这个人是死于非命，而不是顺乎正命。

《颜氏家训》非常强调养生的前提是避祸，要逃离各种各样的危险，如果故意让自己置于危险的境地，那么再来养生就毫无意义了。

孔子说过什么是“惑”。孔子说他自己的生命成长历程，是“十有五而志于学，三十而立，四十而不惑”，其中“惑”实际上就意味着“祸”。为什么这么说呢？因为其中“惑”是指非理性。所谓“智者不惑”，那么什么样的人是智者呢？“四十而不惑”，即一个四十岁的人就应该是用理性支配自己行动的人，所以智者就是用理性来支配和掌控自己情感情绪的人。当你的理性不能支配你的情感，不能调控你的情绪的时候，这就是“惑”，也意味或者含藏着“祸”了。孔子有个学生，问孔子，老师什么是“祸”，孔子回答说，“一朝之忿，忘其身以及其亲”，这就是祸。意思是为了一时的感情冲动，拔刀相向，或者是奋不顾身，不计后果，把自己的生命搭进去了，甚至不仅是自己的生命，还连累了自己的父母，这个“惑”不就是“祸”吗？

△ 梅下赏月图　清·余集

这样的祸可以造成很多人间惨剧。比如一个小伙子去坐火车，走过火车候车室的过道的时候，有一个包放在过道上妨碍他走路了，于是便和包的主人大打出手。想想看，两人萍水相逢无冤无仇，却因为一个包，导致一个人把另一个人捅死了，这不就是为一朝之忿，而忘其身，就是由于不理性而闯下了大祸吗?

《颜氏家训》告诉我们，有生才谈得上养生，没有生了，就谈不上养生，而要想有生，就要尽可能地远离一些不必要的祸害。

老年养生

当人上了年纪的时候应该如何养生呢？《颜氏家训》中有一篇叫作杂艺，其中讲了书法、音乐、绘画、算术、卜筮、历算、医药、博弈等这些技艺。博弈就是一些小游戏，那么颜之推对于这些小游戏的态度如何呢？

他根据孔子在《论语》中所说："饱食终日，无所用心，难矣哉！不有博弈者乎？为之，犹贤乎已。"这句话的意思是，如果一个人已经退休了，那么他可能会吃饱了就睡，睡完了再吃，如此反复，没有地方花费自己的心思。孔子认为这样是不可以的，有一些博弈的小游戏，玩玩这些小游戏，也比饱食终日，无所用心要好。

《颜氏家训》中指出中国的历代圣贤，不把博弈当作一种游戏，而是作为一种教化的手段。但是中国的古圣往贤，也不是像一些道士所说的那样，彻底地排斥这些博弈的游戏。如果说一个人终日无所事事，还是可以玩一些博弈类的小游戏的。颜之推认为其中最适合的就是围棋，或者叫手谈，他认为参与这种游戏对自己的身心是有好处的。

△ 清·丁观鹏　画作

一个老年人一旦退休，如果他终日无所事事，不去思考问题的话，那么他大量的脑细胞运转速度就会减缓，大脑是在不断地使用中得以维持的，如果长期不用大脑，自己的大脑反应也就不敏捷了。而玩玩博弈这种智力小游戏也是使用大脑的一种方法，是在运用大脑处理一些问题，这样的话也比饱食终日、无所用心要好得多。

《颜氏家训》中关于养生的道理非常多，其中还列举了大量的、具体的例证，可能这些具体的例证有些不符合我们现在的科学观念，但是其中的一些基本原则对我们今天还是有一定借鉴意义的，对我们健康、长寿，也不无启发意义。

第十五章

养生（下）

生不可不惜，不可苟惜

《颜氏家训》中有句名言“生不可不惜，不可苟惜”。意思是对于我们的生命，不可以不去珍惜它，但是又不能苟且偷生。这是《颜氏家训》对生命的看法，如果用现在的话来概括，就是生命诚可贵，道义价更高。颜之推把道义看得比生命都重要，这是《颜氏家训》对生命的基本看法。

《颜氏家训》秉承着儒家的传统而来，所以儒家传统文化对生命的看法对《颜氏家训》产生了非常重要的影响。用儒家的观点来看，我们的生命可以分为两层，一是由父母所给予我们的自然生命，一是由师长通过传统文化的道之传承，给予我们的文化生命，或者是精神生命。我们的自然生命就是我们身体的一些生命表征，而我们精神生命的价值核心就是儒家的仁义。

《论语》中有句话叫“三军可夺帅也，匹夫不可夺志也”，意思是三军的主帅可以更换，但是即便是一名普通的老百姓，你也休想改变或者动摇他的信仰。所以“志士仁人，无求生以害仁，有杀生以成仁”，其中志士仁人是指那些有道德操守的高洁之士，他们会把自己的道德生命看

△ 听琴图　宋 · 赵佶

作第一位，所以当他的自然生命和他的道德生命或者精神、文化生命发生冲突，二者迫不得已要选择其一的时候，他宁可牺牲自己的肉体生命，以成就自己道德生命的永恒不朽。这就是我们平常所说的“杀身成仁”，这个观念源于孔子。

在儒家系统中，与“杀身成仁”相对应的是“舍生取义”，舍生取义这个观念来源于孟子，与杀身成仁的意义差不多，就是孟子所说的鱼和熊掌不可兼得，“生亦我所欲也，义亦我所欲也，二者不可得兼，舍生而取义者也”。道义是我所想要的，生命也是我所想要的，但是如果生命和道义二者不可同时拥有，一定要在二者之间做出抉择的话，那么我就舍生取义。我可以放弃自己的自然生命，坚持人间的道义，捍卫人间正道，这就是传统儒家观念里的杀身成仁，舍生取义。舍生取义的观念影响了中国传统社会几千年之久，直到今天，它在我们身上依然发挥着作用。

历史上无数仁人志士，都为孔孟的教导所鼓舞，所以才成就了像文天祥、颜真卿、颜杲卿这样的忠肝义胆的民族英烈，这些英雄才会写下“人生自古谁无死，留取丹心照汗青”这样的诗句，才能够诵出他的《正气歌》。这就是儒家传统文化对中华民族产生的非常重要的影响，它成为中华民族许多仁人志士的价值标准，也是鼓舞民族英烈前仆后继、慷慨赴国难的精神支撑。

《颜氏家训》在这一问题上，完全秉承孔孟的“杀身成仁”“舍生取义”的思想。所以他说“生不可不惜”，要珍重自己的生命，生命对于每一个人来讲都只有一次，所以对自己的生命要抱着高度负责的态度，不能说放弃就轻易放弃。这也是《颜氏家训》强调养生的一个非常重要的根据，养生就是要爱护、珍惜、彰显我们的生命。

但是，另一方面对生命也“不可苟惜”，颜之推说一个人如果“涉险畏之途，干祸难之事，贪欲以伤生，谗慝而致死，此君子之所惜者”，这是什么意思呢？

“涉险畏之途”，意思是说一个人把自己置于一个非常危险的境地，就像我在《养生篇》当中给大家介绍的立于危墙之下，这样的行为就是“涉险畏之途”，把自己的生命置于险地，等于是自己去找死，而且是白白地去送死。

“干祸难之事”，就是故意给社会制造祸端，甚至干打家劫舍、杀人越货这样的坏事，最后被绳之以法，或者死于干坏事的过程之中。

“贪欲以伤生”，我们老百姓常说，“人为财死，鸟为食亡”，这就是说有些人为了满足个人的私欲，最后把生命搭进去了，此类人不在少数，现在也依然存在。

“谗慝而致死”，构织谗言，造谣生事最终导致自己陷于死地。

在这几种情况下失去生命，颜之推认为这是君子会感到非常可惜的事情。

作为一个人为什么不能选择正确的人生道路，为什么不能学会逃避一些危险，为什么不把自己的贪心、私心稍做减损一些，为什么不通过做好事或者言人之美，而受到社会大众的尊重，而一定要去做一些不好的事情而致死呢？所以，一旦人生的道路选择错了结果死于非命，这个确确实实是使君子感到非常可惜的。

但如果是“行诚孝而见贼，履仁义而得罪，丧身以全家，泯躯而济国，君子不咎也”，为了履行对国家的忠诚，为了实践自己的人格中的忠和孝这两种道德操守而被害了；因为实践儒家的仁和义而蒙罪，也可以说是杀身成仁、舍生取义了；牺牲个体的生命，来保存整个家庭的人的生命；或者献出了自己的生命，来保护国家江山社稷，做出这样的牺牲，君子不仅不咎，而且还会称颂这样的行为。

在人类社会上，家庭与家庭之间、家庭与社会之间、民族与民族之间、国家与国家之间，都会充满着各种矛盾和冲突。如果一个人以自己的牺牲换取了一个家庭的生存与延续，用自己的牺牲捍卫了国家尊严和安全，那么这个人就是“杀身成仕”“舍生取义”的君子。

这是《颜氏家训》对于生命和道义的看法。生命诚可贵，但是道义比生命还重要，如果在生命和道义二者之间一定要做出一种选择，二者只能取其一的话，那就放弃自己的生命，以捍卫人类的尊严与价值。而这个尊严与价值，体现在中国文化传统中，体现在儒家的核心价值观念中，所谓仁义、忠孝就是中国文化的基本观念。

颜之推“生于乱世，长于戎马”，在频繁的战争中，有不少人临难而求活，但是往往还是被杀死了，看多了这些人的丑态和作为，就会让人感到非常的气愤。让颜之推另眼相看的是一位谢夫人，面对敌人，她不断地对着叛军进行大骂，最后被射死，这样的人物是非常值得敬重的。由此可以看出颜之推对生命的态度。

而与颜之推这一观念相呼应的，在颜家的发展史上就有为捍卫道义而死的好几位。颜之推的祖父颜见远当年为反对梁武帝篡齐进行了最为强烈的抗争，最终绝食而死；颜之推的哥哥颜之仪在北周做官，隋文帝杨坚篡北周而自立，建立隋朝，颜之仪也是实行坚决的抗议，于是隋文帝杨坚就想把颜之仪给杀了，但是迫于颜之仪当时的社会声望，又把他给放了。

再后来有颜真卿和颜杲卿，两个人都是颜之推的六世孙，颜真卿在安禄山反叛的时候任平原太守，号称颜平原，联合其堂兄常山太守颜杲卿起兵反抗安禄山的叛乱。当时的河北诸郡，纷纷拥戴颜真卿为盟主，一时声势大振，延缓了安禄山大军进攻长安的速度。而颜真卿后来也是为了维护祖国的统一，被叛将李希烈杀死了。颜杲卿守常山，最后常山城破，落入贼手，他骂贼而绝。颜家出了这么多的忠臣义士，这和颜之推所写的《颜氏家训》有着密切的关联。正是由于这样的一种家教、这样的一种家风，才使他的后人当中，出现了这么多的忠臣义士。

死者，人之常分

人有生就有死。《颜氏家训》有专篇讨论了对于死亡的看法，这就是《颜氏家训》的最后一篇《终制》，这一篇可以看作是颜之推的遗嘱，由此遗嘱进一步阐发了他对生命的认识。

颜之推注重养生，但是并不想成为神仙，他认为成仙是不可期的，而死亡这件事情，是任何人都不可避免的。虽然有人幻想着长生不老，万寿无疆，但这都是不可能的，因为自然规律不允许，就像想让花常开不谢是不可能的，想让太阳从西边出来是不可能的，这都是一些规律性的东西。所以想生而不死，那也是不可能的，有生必有死，这是铁的自然规律，任何人，无论他的权势再大，无论他拥有的东西再多，但他终归有一天是要离开这个世界，是要死亡的。所以《颜氏家训》说“死者，人之常分，不可免也”。

在颜之推十九岁的时候，南朝时期的梁国正处于动乱之中，所谓“梁家丧乱”，充满了战争和祸患，颜之推每天都与白刃为伍，几次命悬一线，面临着杀头的危险。但是他承祖上之福荫，最终还是一直活到了隋朝建立的那个时候。写这一篇的时候颜之推说他已经六十岁了，古人说一个人“五十不为夭”，也就是如果在五十岁的时候死了，就不能说是夭亡了，而他这时已经六十多岁了，所以面对生死他非常坦然，没有任何恐惧的心理。

有生必有死，那么死后又如何呢？这是颜之推所考虑的一个问题。他说当他“一日放臂”，意思是指一旦去世，要求子孙对他一定要实行薄葬，而不是厚葬。颜之推反对奢侈浪费的丧葬制度，他虽然认为墨家的“热腹”和杨朱的“冷肠”二者皆不可取，但是在这一点上，颜之推还是明显体现出了他对于墨家薄葬观念的赞同。

颜之推说，等到哪一天他一旦放臂了，就把他身上洗干净，把他随身穿的衣服带入他的棺材，任何其他随葬品一概不要。他还提出埋葬他使用的棺木为松棺，即以松木为材料的棺材，要求是两寸厚，这在当时来说是属于非常薄的了，然后把他埋到土里去埋葬，就可以了。他不主张埋葬的时候起高垒、修坟堆，不过，没有坟堆，一旦时间长了，后人无法知道到什么地方去祭奠他，那该怎么办呢？颜之推说如果找不到一个标志的话，就在自己埋棺木的四周修一堵矮墙作为一个标志，这就可以了。这是他对待自己身后事的要求。

颜之推还特别反对用中国传统的宰杀祭祀的方法来祭奠他。我们知道，传统中国人会通过宰杀牛、羊、猪、鸡、鱼这样的一些生灵来祭祀列祖列宗。但颜之推坚决反对这样的祭奠方式，如果一定要祭奠他，那就用一些水果，或者一些粮谷物做成的东西就可以了。这么一来，又出现了另一个问题，这些要求可以约束自己的家人，可不能约束自己的亲友，如果亲友要拿一些活物宰杀了来祭奠他，那又该怎么办呢？其实颜之推的主张是，将所有亲友的祭奠统统免除，一概不要。

颜之推为什么要这样做呢？难道仅仅是因为他对佛教比较有好感

△ 墨兰图　宋·赵孟坚

吗？其实还有更深层的原因。颜之推从小的生活就是忽南忽北，忽东忽西，一生历经坎坷，颠沛流离。尤其是在他的幼年时期母亲就去世了，那个时候正值社会动荡，他家里的几个兄弟尚且羸弱，能力有限，所以对母亲的殡葬就非常简单。据颜之推说，只是一个薄薄的棺材下葬，甚至没有砖来给他母亲砌一个墓，这让他深以为憾。他认为自己死后的丧葬规格，一定不能超过他母亲。

颜之推告诉他的子孙，何处黄土皆可埋。他认为他是东西南北之人，一生都在漂泊，所谓生如浮云，自己对自己的生命无法主宰，也无法做主，那么一旦死去，他认为任何地方皆可掩埋，不必非要找一个风水宝地，也不必非要把他的骨骸移到祖坟才能埋葬。为此，他告诉他的子孙，如果不按照他的话去做，那就是陷他于不孝。因为在他心里，对他的安葬，规制绝对不能超越他的母亲。

颜之推面对死亡非常坦荡，非常开明。他的这些做法一方面是满足他的孝心，另一方面，就是不要让死人拖累了活人，不要让先辈拖累了后辈。

他提出自己一旦去世就实行简单的殡葬，这与墨家所提倡的薄葬、短丧是相一致的。他要求后世子孙一定要立身扬名，努力在社会上开创一片事业，能够扬名于后世。切不要顾恋着父母的那抔黄土，以至于限制了自己前进的步伐。

我认为颜之推之所以坚持实行薄葬，不是为他个人计，而是为他的子孙后代计。他这种豁达的人生态度，面对死亡的坦荡，还有对自己薄葬的设计，即便是放在今天仍然具有非常重要的价值。在中国很多地方都有公墓，占据了大片的土地资源，如果大家都能按照颜之推的这种观念来面对死亡，就可以节约不少的土地资源。

第十六章 养心养身成人

诚为基石

《颜氏家训》可以用几个字来概括：首先它是以“诚”为核心价值，或者价值标准；然后以“仁义”为原则，这是它处理一切关系的一个基本原则；以“中庸”为方法；以“勤学”为途径；以家庭和睦、社会和谐为目标；以“务先王之道，绍家世之业”为主旨或者为宗旨，就是把先王之道研究好，发扬光大，把祖宗所传承下来的文化传统，再继续传承下去。

如果要用四个字来概括《颜氏家训》千言万语的主旨，那就是“立身扬名”，它所有的篇章都是围绕着这样一个主旨。目的就是告诫后世子孙要立身，要能在社会上站得住脚，活得下去，不要中途遭遇不测，不要成为无能平庸之辈，不要在社会上没有一技之长，以至于人生没有出路，进而对人生感到迷茫、悲观和失望。

颜家世代是儒生门户，在立身的基础上，还要把祖宗传下来的诗礼传家的传统继续传承下去，甚至发扬光大。通过自己对社会的贡献以及自己的道德操守，在历史上留下自己的英名。作为颜氏子孙，在历史上留下了你的英名，也就留下了颜氏家族的英名，这样就为祖宗争了光，添了彩。

而为了实现这一目的，颜之推可谓用心良苦，由是他提出了一个非常重要的观念，这个观念就是“巧伪不如拙诚”。任何巧妙的伪装、作秀、造作、忽悠，都不如木讷朴实的真诚。他认为我们每一个人的为人，是真还是假，是实还是虚，全都是存乎一心。既然这些存在于我们心中，那么就会通过我们的言行，通过我们的面部特征等表现出来。所以无论我们是真诚还是虚伪，都会通过我们的面部特征和行为处事表现出来。

那些伪装得非常巧妙的人，好像一时能够得逞，这只是别人知之未熟罢了，一旦把他了解透彻，那么他所有的伪装都会被人们所看破，所以“诚于中，行于外”，这个观念非常重要。因此只有内心做到了诚信，才能够体现在你的言谈举止和面部特征之中，只有这样，才能够在社会上立身处世。

后人在总结《颜氏家训》的特点时说，《颜氏家训》千言万语，其主旨就是教育他的后世子孙一个“诚”字，并且这不仅是对颜家人的要求，也是对全社会的人的要求。

▷ 柳溪归牧图　宋

任何通过欺骗的手段得益于一时的人，最终都是会被人识破的。当初郑国的大夫伯石，心里非常想做郑国的上卿，国君派太史命他为卿，他假意推辞。太史走后，则请国君再任命一次，如是者三，最后接受上卿之职。西汉末期的王莽，多次辞大司马之职，但最终篡汉自立，伯石、王莽骗得了一时，却骗不了一世。他们的伎俩一旦被识破，后人书之，留传万代，承之以羞大矣。所以任何人都不能骗人，即便你可以欺瞒天下之人，但你也欺骗不了你自己。因此我们说，既然你还是个人，你就无法骗人。

这就引出了儒家修为中的“慎独”的观念。“慎独”就是在自己独处的时候，虽然没有人知道你在做些什么，但是也要谨慎地对待自己的行为、言谈、举止乃至意念。

儒家强调诚意，而儒家的《颜氏家训》是以仁义为原则。

《颜氏家训》认为一个人要在世界上立身处世，“腹不可热，肠不可冷”，我们要处于这两者之间，而取舍的标准就是仁义。我们的一切行为都要看其是否合乎道德的要求。说通俗一点，就是要时刻看我们的所作所为，是否能够“仰不愧于天，俯不怍于人”。

如果按照仁义的原则去做事，并且“由仁义行，非行仁义”，即做一切事都能按照道德的要求，这样一个人就可以做到“仰不愧于天，俯不怍于人”了。这样活在世界上，就可以坦坦荡荡、光明磊落了，用今天的话来说，人就能活出人样来。如果一个人在黑暗中做了许多不为人所知的事情，做了许多无法曝光的事情，那么长此以往，他就会形成阴暗的心理，也就不可能坦坦荡荡、光明磊落。

所以，仁义是《颜氏家训》教育后世子孙的一个最起码的道德标准，也是最高的行为准则。由此要求，做官从政，也要“守道崇德，蓄价待时”，意思是遵守社会的仁义道德规范，提高自己的道德修为，培养自己治国平天下的才能，来等待历史机遇的到来；而不是不知廉耻地去钻营，去买官，那就相当于偷窃别人的食物，来填饱自己的肚子，盗窃他人的衣服，来暖和自己的身体，这样做是与道德规范相违背的。

所以这就是《颜氏家训》中所强调的，要以仁义为原则。

学是途径

颜之推说，要实现我们人生的目标，放在《颜氏家训》中就是要“务先王之道，绍家世之业”，要立身扬名，就要从最基础的做起。这个最基础的东西是什么呢？学习。由是《颜氏家训》有一篇专门讨论学习的文章，叫《勉学》。

《颜氏家训》主张父母对孩子要早教，一个孩子应该从幼年就开始进行学习。当然，即使错过了幼年时光，时至盛年甚至晚年也不能放弃学习。所以他说，幼年时候的学习，如日初之光；晚年时候的学习，如秉烛夜行；但即便是秉烛夜行，也比闭起眼睛什么也看不见要强得多。所以学习，是实现人生目标的基础。

这一观念当然不是《颜氏家训》凭空提出来的。在先秦时代，儒家的最后一位大儒荀子曾经说过一句话：“我欲贱而贵，愚而智，贫而富，可乎？”意思是我现在生活得非常贫穷，但我想改变这种面貌，变得富有；我现在的社会地位非常低下，我想改变这种局面，变得尊贵；我现在非常愚钝，想变得睿智；这能够做得到吗？荀子说可以做得到，答案

◁ 寒江独钓图　宋・马远

是“其唯学乎”，也就是说达到这样的目标的唯一的途径就是学习。可见，古人已经有了学习可以改变命运的观念，与我们今天所说的“知识改变命运”异曲同工。学习可以改变命运，所以《颜氏家训》将学习看作一个人实现立身扬名这一目的的途径和要件。颜之推说一个人只要努力学习，在古代社会，达到胸中有数十卷书的水平，就可以“百世不为小人也”。意思是如果读书，成为文化人，世世代代都不会沦落到去做那种非常低贱的活、成为别人的奴仆。

颜之推说，一个人出生于士大夫之家，最起码应该通晓《诗经》和《论语》，如果再好一些，就要研究《礼》和《传》。颜家的学问传统，《诗经》《论语》不在话下，《礼》《传》是其特长，勤于经史是其对子孙的基本要求。所以颜家各代都不乏杰出的学者，尤其是以博学见长的一些学者，这和颜家重视教育、重视学习的这种家教和家风是分不开的。

学习在《颜氏家训》看来，是一个家庭兴旺发达的途径、基础和前提。

中庸之道

《颜氏家训》提出立身处世、修身治家秉持着一个重要的方法，就是“中庸”。以中正、中庸为原则是《颜氏家训》处理一切关系的最基本的方法。《颜氏家训》中的《省事》《止足》《养生》《涉务》等篇章，乃至于如何去处理孩子与父母、兄弟与兄弟、家庭与家庭之间的关系的基本方法都是以“中庸”为根据。

在人生态度上，《颜氏家训》强调“欲不可纵，志不可满”，所以绝对不可以纵欲，纵欲就是走极端，是不恰当的。但也不主张清心寡欲乃至无欲，纵欲是过，寡欲是不及，过犹不及，都不合乎中庸之道。“志得意满”其实也就是过分，过分则不恰当，即不合乎中庸的原则。

颜之推说，我们做人做事要利己利人，面对所有和你打交道的人，要注意与对方留有余地。留有余地也是中庸的方法，即面对任何一个事物，处理任何一件事情，我们都不能极端化，而要懂得给别人留余地，其实给别人留有余地就是给自己留余地。开车让路让别人过去，就是让自己过去。不让路，别人过不去，自己也无法通行，这就是中庸道理。

包括在处理父子之间的关系中，颜之推也在强调这样一个非常重要的原则。所谓不可以“狎”，就是不可以过度地亲密，也不可以“简”，“简”就是过度地怠慢。所以父子之间的关系应该是处在狎与简之间的，不能两极化，一旦两极分化，就会不符合中庸之道的原则。

这就是《颜氏家训》提出的处理问题的一种态度和方法——中庸之道。

和谐家庭

《颜氏家训》以立身扬名为宗旨，以诚为核心，以仁义为原则，以中庸为方法，以勤学为途径，以家庭的和睦为目标。一切目标的实现，首先要以实现家庭的和谐为前提，那么如何才能实现家庭的和谐呢?

每一个家庭成员都要回归到他最基本的伦理规范和伦理范畴之中，父亲要做到威而有慈，儿子要做到敬而有孝，这样父子关系就处理好了。与此同时，兄弟之间、妯娌或者娣姒之间的关系和谐是实现家庭和谐的重要保障，也要处理好。

要处理好兄弟之间的关系，需要怎么办呢?《颜氏家训》强调作为兄长对弟弟要友善爱护，作为弟弟对于兄长应该恭敬。有些兄长和弟弟的年龄悬殊，但是兄弟一伦，毕竟不同于父子一伦，所以即使弟弟年龄再小，兄长也不要把他当作儿子看，弟弟也不要把兄长当作父亲看，兄弟之间一定要保持适当的距离。如果能做到这样的话，兄弟之间关系就处理好了。

一个家庭之中比较难处理的关系应该是妯娌关系或者叫娣姒之间的

关系。因为妯娌来自不同的家庭背景，不同的社会阶层，而且她们之间可以说是没有任何的血缘关系。颜之推强调，在处理这一关系的时候，无论是哪一方都要有“恕己而行，换子而抚”的心态，即站在对方的角度思考问题，也就是我们现在经常说的换位思考，这样的话这一关系就好处理了。

至于公婆与儿媳的关系一直以来都是家庭关系的一大难题。那么如何来解决这一难题呢？《颜氏家训》强调，作为公婆爱自己的儿媳妇，应该就像爱自己的子女一样。在古代传统社会中，儿媳反抗婆婆是非常少见的，而公婆压迫儿媳则是常有的现象。颜之推说有些公婆不识仁义，往往仰仗着姑舅之尊即公公和婆婆的这种威严，“蛇虺其性，毒口加诬”，肆意地对儿媳进行一些人格上的诬蔑，乃至于骂辱儿媳之父母。像这样的人，“阴纪其过，鬼夺其算”，甚至不可与这样的人物成为邻居，况交结乎。颜之推很反对这种行径，他主张作为公婆应该像爱护自己的子女一样来爱护自己的儿媳，这样的话才能把婆媳关系处理好。

那么又如何处理家庭与家庭之间，或者一个家庭与自己的亲戚之间的关系呢？颜之推提出了一个观念“俭而不吝，施而不奢”。一个家庭应该过一种比较俭朴和节约的生活，他反对那种暴发户式的炫耀，也不主张一个家庭追求多么大的显贵。一个家庭要过俭朴的生活，但是俭朴不能吝啬，俭朴是针对自己而言的，吝啬是针对别人而言的，你的亲戚、朋友、邻居、同宗等和你相关的人，一旦有了难处，如果你不肯施以援手，这就是吝啬。所以他说要处理好自己和亲戚朋友的关系，一定要做到，当自己的亲朋故旧有了难处的时候，能够尽己之力，来让对方渡过难关，这个时候绝对不能吝啬。

颜之推认为如果一个家庭能做到这些，那么他的家庭内部关系，以及家庭和家庭之间的关系，就可以达到和谐了。一个家庭和谐，才能像我们常常说的那样“家和万事兴”“二人同心，其利断金”，更何况是全家同心？这样整个家庭就会向着同一个目标、同一个方向努力，这样的家庭一定能够实现《颜氏家训》所说的，“务先王之道，绍家世之业”，使这个家庭立根当世，扬名后世。

归心

《颜氏家训》这部书，对其思想归属历来世人对它有不同的认识，有的人说它属于儒家，有的人说它属于杂家。为什么说它是杂家呢？

《颜氏家训》中有一篇章是《归心》。在这一篇中颜之推表达了对佛教深深的同情。他在《颜氏家训》中提出“内外两教，本为一体”，其中内外两教就是指儒教和佛教，这句话的意思是儒家的思想和佛家的道理是相通的，佛家所说的五戒：不杀生、不偷盗、不奸淫、不妄语、不饮酒，就相当于儒家的五常：仁、义、礼、智、信。《颜氏家训》的一个原则，就是归于周孔而同情佛教，或者说是同情释氏。也就是说，他并不排斥佛教。

颜之推生活在南北朝时期，这个时期佛学在梁国大为流行，尤其是梁武帝晚年独好佛学。梁武帝本来是一个很有学问的人，而且他的学问做得非常不错，是儒家中的人物，但是后来这位皇帝一心向佛，由儒归向佛教，三次舍身同泰寺，梁国也由盛转衰。当然颜之推也受到这种社会环境的影响。

我们知道颜之推曾经在湘东王即后来的梁元帝那里生活过多年，而且湘东王当了皇帝以后，颜之推曾经在他那里做官。梁元帝这个人独好三玄，也就是道家或者道教的思想。因此颜之推的思想又或多或少受到道家乃至道教思想的影响。

今天的我们用评判的眼光来看待《颜氏家训》这部书。《颜氏家训》是以儒家为主调，或者说是以儒家为宗旨，以儒家为主体的，同时他吸收佛教、玄学和道教的有益成分，将这些元素融合，形成了中国文化史上一部非常有名的经典。

《颜氏家训》是中国家训之祖。这一部经典自从它产生以来，就对中国社会尤其是中国的家庭教育产生着广泛而深远的影响。它影响所及的范围，远不止颜氏一门，它的思想影响到了所有的中国人。今天我们读《颜氏家训》，依然可以从中领悟出很多实实在在的道理。